"十四五"时期国家重点出版物出版专项规划项目

◁ 农 业 科 普 丛 书 ▷

中国农业科学院科技创新工程经费资助项目

粮食机收减损 100问

张进龙　曹光乔　主编

中国农业科学技术出版社

图书在版编目（CIP）数据

粮食机收减损100问 / 张进龙，曹光乔主编.
北京 : 中国农业科学技术出版社, 2024. 12. -- ISBN 978-7-5116-6912-4

Ⅰ. S225.3

中国国家版本馆 CIP 数据核字第 2024ZS0969 号

责任编辑　朱　绯
责任校对　马广洋
责任印制　姜义伟　王思文

出 版 者	中国农业科学技术出版社
	北京市中关村南大街 12 号　邮编：100081
电　　话	（010）82109707（编辑室）（010）82106624（发行部）
	（010）82109709（读者服务部）
传　　真	（010）82109707
网　　址	https:// castp.caas.cn
经 销 者	各地新华书店
印 刷 者	北京中科印刷有限公司
开　　本	148 mm × 210 mm　1/32
印　　张	3.875
字　　数	126 千字
版　　次	2024 年 12 月第 1 版　2024 年 12 月第 1 次印刷
定　　价	48.00 元

版权所有·侵权必究

编辑委员会

主　任：罗锡文　陈学庚　赵春江
副主任：周国民　刘恒新
委　员（按姓氏笔画排序）：
　　　　王应宽　刘小伟　肖体琼　沈　毅　赵凤敏
　　　　徐振兴

编写人员

主　编：张进龙　曹光乔
副主编：刘小伟　周　磊　朱　冰　乔　璐
编　者（按姓氏笔画排序）：
　　　　王　硕　王　超　朱　冰　乔　璐　刘小伟
　　　　刘德普　祁　兵　张文毅　张进龙　陈　聪
　　　　周　磊　姜宜琛　徐　峰　徐子晟　曹光乔
　　　　常　春　崔　涛

支持单位

中国农业工程学会
中国农业机械学会
中国农业机械化协会
中国农业机械工业协会
中国农业机械流通协会
江苏省农业工程学会
江苏省农业机械学会
金陵科技学院
潍柴雷沃智慧农业科技股份有限公司
江苏沃得农业机械股份有限公司
河北英虎农业机械股份有限公司
江苏农仿软件科技有限公司
南京白羽文化传媒有限公司

图片制作：王　柯　杨　幻
视频制作：蒋　鹏　李巢湖

前　言

　　我国是世界上最大的粮食生产国和消费国，做好全链条节粮减损意义重大。习近平总书记高度重视科学普及工作，指出"科技创新、科学普及是实现创新发展的两翼，要把科学普及放在与科技创新同等重要的位置"。国家印发《粮食节约和反食品浪费行动方案》，明确提出强化粮食机收减损，要求采用活泼新颖多样、群众喜闻乐见的宣传形式，加大宣传力度。机械化收获作为农业生产的重要环节，据测算，全国粮食机收损失率平均下降1个百分点，就能挽回超100亿斤粮食损失。

　　基于此，《粮食机收减损100问》图书编写团队针对小麦、水稻、玉米机械化收获方式和减损作业技巧等方面走访多家主机厂商，深入田间地头。图书引入漫画人物：程工（农机工程师）和阿丰（农机手），图文并茂，采用一问一答的形式展现了100个粮食机收减损热点内容。为了将机收减损诸多细节铺陈开来，给大家提供更丰富立体的阅读体验，书中精心准备了多个基于增强现实（AR）等技术的科普短视频，这些内容以元宇宙识别图与二维码的形式嵌入书中相应位置，读者只需轻松扫码（AR部分需要下载专属App扫描识别图），即能观看视频。

　　本书共分为通用篇、小麦篇、水稻篇和玉米篇4个部分，第 1 部分主要介绍粮食机收减损政策法规和通用要求等；第 2 至第 4 部分别介绍了小麦、水稻、玉米适宜收获时间、机收注意事项、机收减损技巧、特殊工况问题解决等。本书兼具科普和培训功能，适合农机教学、科研、生产、推广专业技术人员参阅，亦可作为农机合作社、农机手和农业农村系统的培训科普教材。

衷心感谢所有参编人员精心编纂或提供的图文、视频等内容，感谢中国农业工程学会、中国农业机械学会、中国农业机械化协会、中国农业机械工业协会、中国农业机械流通协会、江苏省农业工程学会、江苏省农业机械学会、金陵科技学院、潍柴雷沃智慧农业科技股份有限公司、江苏沃得农业机械股份有限公司、河北英虎农业机械股份有限公司等单位的大力支持。编创历程中，除参考文献附录中所列出的公开出版物之外，亦广泛参阅了其他各类资料以及卓越的研究成果，特郑重地致以深切的谢忱。受编者水平和能力限制，书中错误及不妥之处恳请读者批评指正，由衷感谢广大读者的关注与支持！

编者

2024 年 12 月

粮食机收减损
有何重大战略意义？

仓廪实，天下安，民以食为天。粮食安全系"国之大者"，减少粮食损耗是保障粮食安全的重要途径，粮食机收减损的重大战略意义不言而喻！2024年中央一号文件强调"推进全链条节粮减损，挖掘粮食机收减损潜力"。我国主粮作物收获已基本实现机械化，小麦、水稻、玉米机收率分别超过97%、95%、80%。机收减损是降低农业生产环节损耗浪费、增加粮食产量的重要措施，要大力推进粮食机收提质减损工作，力争"颗粒归仓"，为保障国家粮食安全提供关键支撑。

阿丰：农机手

程工：农机工程师

使用指南

你好！欢迎多角度观看粮食机收过程，深度体验农机操作。请下载视网么App，扫描右侧二维码，进入"粮食机收减损视频"元空间，然后扫描每个作品观看。

"粮食机收减损视频"元空间

步骤 1
下载安装"视网么App"

步骤 2
进入 AR 元空间

步骤 3
对准识别图点击扫描

步骤 4
开启你的 AR 之旅

通用篇

1. 涉及粮食机收减损的政策文件主要有哪些? ·········· 002
2. 有关农机安全生产的法律法规主要有哪些? ·········· 004
3. 驾驶联合收割机需要考取什么类型的驾驶证? ·········· 005
4. 申领联合收割机跨区收获作业证需要什么条件? ·········· 006
5. 联合收割机跨区作业中介服务组织如何做好服务? ·········· 007
6. 联合收割机跨区作业合同一般包括哪些内容? ·········· 008
7. 联合收割机跨区作业通行服务可享受哪些便利措施? ·········· 009
8. 机收作业前如何检查机具? ·········· 010
9. 机收作业前试割工作如何开展? ·········· 012
10. 粮食收获作业损失有哪些? ·········· 013
11. 粮食机收损失率的常用测定方法有哪些? ·········· 014
12. 如何减少机收作业时的漏粮损失? ·········· 015
13. 如何规划稻麦联合收割机在田间的行走路线? ·········· 016
14. 如何选择收获机作业速度? ·········· 017
15. 收割机收割和行走时油门控制要求是什么? ·········· 018
16. 如何选择合适的机收作业幅宽? ·········· 019
17. 收割机在田间如何快速转弯? ·········· 020
18. 如何收割田块边角地的农作物? ·········· 021
19. 夜间机收作业注意事项包括哪些? ·········· 022
20. 不同地形地貌如何选择收获机械和作业方式? ·········· 023

21. 适宜丘陵山区的联合收割机结构有哪些特殊设计？ 024
22. 丘陵山区机收作业如何防止发生侧翻事故？ 025
23. 联合收割机维修有哪些禁止事项？ 026
24. 收获机具报废更新补贴的条件是什么？ 027
25. 智能化技术应用于机收减损有哪些优势？ 028

小麦篇

26. 如何分辨小麦蜡熟期和完熟期？ 030
27. 如何选择小麦机收适宜期？ 031
28. 小麦机收作业质量的判定标准是什么？ 032
29. 如何用"巴掌法"测定小麦机收损失率？ 033
30. 小麦机收割茬适宜高度是多少？ 035
31. 在收获茎秆含水率较高的小麦时，如何选择合适割台？ 036
32. 如何调整拨禾轮的速度和位置？ 036
33. 如何解决拨禾轮打落籽粒太多的问题？ 038
34. 如何解决小麦收割机割台喂入不畅的问题？ 039
35. 如何处理割台前堆积作物？ 040
36. 如何调整脱粒清选等工作部件？ 041
37. 如何解决脱粒过程中麦粒破碎较多的问题？ 041
38. 如何解决小麦收割机滚筒堵塞问题？ 043
39. 如何调整清选筛片开度可降低收获损失率？ 044
40. 如何解决麦穗脱粒不净的问题？ 045
41. 如何解决收割机籽粒升运器链耙破碎籽粒较多的问题？ 045
42. 如何解决脱出物过多导致清选筛箱中糠较多的问题？ 047
43. 如何解决收割机排出的糠中裹有籽粒的问题？ 048
44. 如何解决小麦收割机粮仓中糠较多的问题？ 049
45. 如何解决小麦收割机粮仓中穗头较多的问题？ 049
46. 收割倒伏小麦要注意什么？ 050
47. 如何解决收获倒伏小麦时漏割植株较多的问题？ 051

48. 如何收割过熟小麦？ 032
49. 收获高产潮湿小麦时，滚筒掉速严重的问题如何解决？ 033
50. 如何解决收获潮湿小麦夹带损失大的问题？ 033

水稻篇

51. 如何根据稻穗外部形态判断适宜收获期？ 036
52. 如何根据水稻生长时间判断适宜收获期？ 057
53. 水稻收割机的喂入方式有哪几种？ 058
54. 水稻分段收获要注意什么？ 059
55. 水稻机收作业质量标准是什么？ 060
56. 如何用"半米幅宽法"测定水稻机收损失率？ 061
57. 如何开出水稻机收割道？ 063
58. 如何解决拨禾轮打落籽粒较多的问题？ 064
59. 如何解决拨禾轮翻草的问题？ 064
60. 如何解决脱粒滚筒堵塞的问题？ 066
61. 如何解决脱粒过程中谷粒飞散较多的问题？ 066
62. 水稻收割机脱粒装置发出异常声响时如何处理？ 068
63. 脱粒后夹在秸秆中的谷粒较多应如何处理？ 069
64. 脱粒出的谷物含杂率高应如何调整？ 070
65. 发现掉壳、损伤的谷粒较多时，应如何处理？ 071
66. 如何解决水稻收割机卸粮筒堵塞的问题？ 072
67. 湿田作业时，需要注意什么？ 073
68. 如何收割倒伏水稻？ 074
69. 收割过熟水稻应注意什么？ 075
70. 如何选择水稻烘干设备？ 076

玉米篇

71. 如何确定玉米的适宜收获期？ 078
72. 玉米收获机类型主要有哪些？ 079

73. 什么情况下采用玉米果穗收获方式？ 080
74. 什么情况下采用玉米籽粒收获方式？ 081
75. 玉米收获机的作业质量标准是什么？ 082
76. 玉米收获作业行走路线如何选择？ 083
77. 如何调整玉米收获机作业幅宽或收获行数？ 084
78. 如何根据玉米种植行距匹配收获机割台？ 085
79. 如何选择玉米留茬高度？ 086
80. 如何调整辊式摘穗机构工作参数？ 087
81. 如何调整拉茎辊与摘穗板组合式摘穗机构工作参数？ 088
82. 如何解决摘穗辊缠草或割台上缠草太多的问题？ 089
83. 如何处理果穗啃伤、落粒的情况？ 090
84. 果穗搅龙输送器喂料口堵塞时，如何处理？ 091
85. 玉米收获机割台升运器堵塞时，如何处理？ 091
86. 如何调整玉米收获机剥皮装置？ 092
87. 剥皮辊接料部位堵塞时，如何处理？ 093
88. 玉米苞叶剥净率较低时，如何调整？ 094
89. 果穗从剥皮辊下滑受阻如何解决？ 095
90. 如何调整玉米籽粒收获机脱粒、清选等工作部件？ 096
91. 果穗脱粒不净怎么办？ 097
92. 玉米籽粒机收时发现破碎率高应如何处理？ 098
93. 玉米收获机清选筛堵塞怎么办？ 099
94. 切碎机切碎滚筒转速不够导致秸秆切碎效果差怎么办？ 100
95. 适宜收获倒伏玉米的机具有哪些特点？ 101
96. 倒伏玉米收获作业时有哪些注意事项？ 102
97. 收获过湿地块玉米时需要注意什么？ 103
98. 为了降低储存环节损失，玉米籽粒和玉米果穗适用什么烘干方式？ 104
99. 玉米烘干有哪些重要注意事项？ 104
100. 玉米贮存注意事项有哪些？ 106

参考文献 108

习近平总书记指出"减少粮食损耗是保障粮食安全的重要途径"。据联合国粮农组织统计,每年全球粮食从生产到零售全环节损失约占产量的14%,损失每降低1个百分点,相当于增产2700多万吨粮食。据统计,我国粮食全链条损失率达8%,其中生产和收获环节的粮食损失率约占27%,2023年,我国谷物播种面积14.99亿亩(1亩约合667米^2),产量12828.6亿斤(1斤=0.5千克),全国农作物耕种收综合机械化率超过73%,其中机收率超过66%,三大主粮机收损失率平均降低1个百分点,能挽回100亿斤左右的损失。我国高度重视粮食节约和减损工作,《中华人民共和国国民经济和社会发展第十四个五年规划和2035年远景目标纲要》提出"有效降低粮食生产、储存、运输、加工环节损耗,开展粮食节约行动",节粮减损是增加粮食有效供给的"无形良田",机收减损是粮食丰收从大田高产到颗粒归仓的重要环节。

 ## 涉及粮食机收减损的政策文件主要有哪些？

（1）《粮食节约行动方案》，中共中央办公厅、国务院办公厅，2021年。

（2）《关于将机收减损作为粮食生产机械化主要工作常抓不懈的通知》，农业农村部办公厅，2021年。

（3）《小麦机械化收获减损技术指导意见》，农业农村部农业机械化管理司，2021年。

（4）《水稻机械化收获减损技术指导意见》，农业农村部农业机械化管理司，2021年。

（5）《玉米机械化收获减损技术指导意见》，农业农村部农业机械化管理司，2021年。

（6）《粮食节约和反食品浪费行动方案》，中共中央办公厅、国务院办公厅，2024年。

制定水稻、玉米、小麦、大豆机收减损技术指引和机收作业质量标准，推广集中育秧、精量播种等技术，引导农户适时择机精细收获。加快推动农机装备产业高质量发展，加强农机装备创新研发，研制适用于丘陵山区的轻简型收获机械。实施农机购置与应用补贴政策，推广购置使用高效低损收获机具、粮食烘干机及成套设施装备、履带式收获机等先进适用农业机械。统筹推进区域农机社会化服务中心和区域农业应急救灾中心建设，提升应急抢种抢收装备技术水平和应急服务保障能力。深入实施专业农机手培训行动，提高农机手规范操作能力。

通用篇

2 有关农机安全生产的法律法规主要有哪些？

（1）《中华人民共和国道路交通安全法》，全国人民代表大会，2021年。
（2）《中华人民共和国农业机械化促进法》，全国人民代表大会，2018年。
（3）《农业机械安全监督管理条例》，国务院，2019年。
（4）《拖拉机和联合收割机驾驶证管理规定》，农业农村部，2018年。

3 驾驶联合收割机需要考取什么类型的驾驶证？

拖拉机、联合收割机驾驶人员准予驾驶的机型分为：
（1）轮式拖拉机，代号为 G1。
（2）手扶拖拉机，代号为 K1。
（3）履带拖拉机，代号为 L。
（4）轮式拖拉机运输机组，代号为 G2（准予驾驶轮式拖拉机）。
（5）手扶拖拉机运输机组，代号为 K2（准予驾驶手扶拖拉机）。
（6）轮式联合收割机，代号为 R。
（7）履带式联合收割机，代号为 S。

图片	名称	代号
	轮式拖拉机	G1
	手扶拖拉机	K1
	履带拖拉机	L
	轮式拖拉机运输机组	G2
	手扶拖拉机运输机组	K2
	轮式联合收割机	R
	履带式联合收割机	S

4 申领联合收割机跨区收获作业证需要什么条件?

（1）具有农机监理机构核发的有效号牌和行驶证。

（2）参加跨区作业队。

（3）省级农机管理部门规定的其他条件。

5 联合收割机跨区作业中介服务组织如何做好服务？

（1）鼓励和扶持农机推广站、乡镇农机站、农机作业服务公司、农机合作社、农机大户等组建跨区作业中介服务组织，开展跨区作业中介服务活动。

（2）跨区作业中介服务组织根据市场的需求，可以组建若干跨区作业队，组织联合收割机和驾驶员从事跨区作业。

（3）跨区作业中介服务组织应与联合收割机驾驶员签订中介服务合同，明确双方的权利和义务。

（4）跨区作业的供需双方应签订跨区作业合同，合理确定引进或外出联合收割机的数量和作业任务。跨区作业合同签订后，要分别报当地农机管理部门备案。

6 联合收割机跨区作业合同一般包括哪些内容?

联合收割机跨区作业合同一般包括联合收割机数量和型号、作业地点、作业面积、作业价格、作业时间、机收作业质量、双方权利和义务以及违约责任等。

7. 联合收割机跨区作业通行服务可享受哪些便利措施？

（1）符合要求的运输联合收割机的车辆免收车辆通行费。

（2）组织运输企业、车辆加强运输服务保障，及时满足联合收割机运输需求。

（3）对车货总重或外廓尺寸超限的联合收割机运输车辆，优先办理审批大件运输许可，及时发放超限运输车辆通行证。

（4）优先保障依法办理许可的联合收割机超限运输车辆便捷通行。

8 机收作业前如何检查机具？

（1）检查各操纵装置功能。

（2）检查各部位轴承及轴上高速转动件（如茎秆切碎装置、中间轴）安装情况。

（3）检查离合器、制动踏板自由行程。

（4）检查燃油、发动机机油、润滑油、冷却液。

（5）检查仪表盘指示及轮胎气压。

（6）检查"V"形带、链条、张紧轮等是否松动或损伤。

（7）检查和调整各传动皮带的张紧度，防止作业时皮带打滑。

（8）检查重要部位螺栓、螺母有无松动；有无漏水、渗油等现象。

（9）检查所有防护罩是否紧固，窗、密封件、金属挡板等部位是否闭合、密封完全。

（10）备足备好田间作业常用工具、易损零配件等，以便出现故障时能够及时排除。

（11）进行空载试运转，检查液压系统工作情况、液压管路和液压件的密封情况。

（12）检查轴承是否过热、皮带与链条的传动情况，以及各连接部件的紧固情况。

扫一扫

通用篇

9 机收作业前试割工作如何开展？

（1）选择有代表性的地块进行试割。

（2）试割作业行进长度以30米左右为宜。

（3）对照作业质量标准检查损失率、破碎率、含杂率等情况，有无漏割、堵草、跑粮等异常情况，对收割机进行调整。

（4）调整后再进行试割并检测，直至达到质量标准和农户要求。

扫一扫

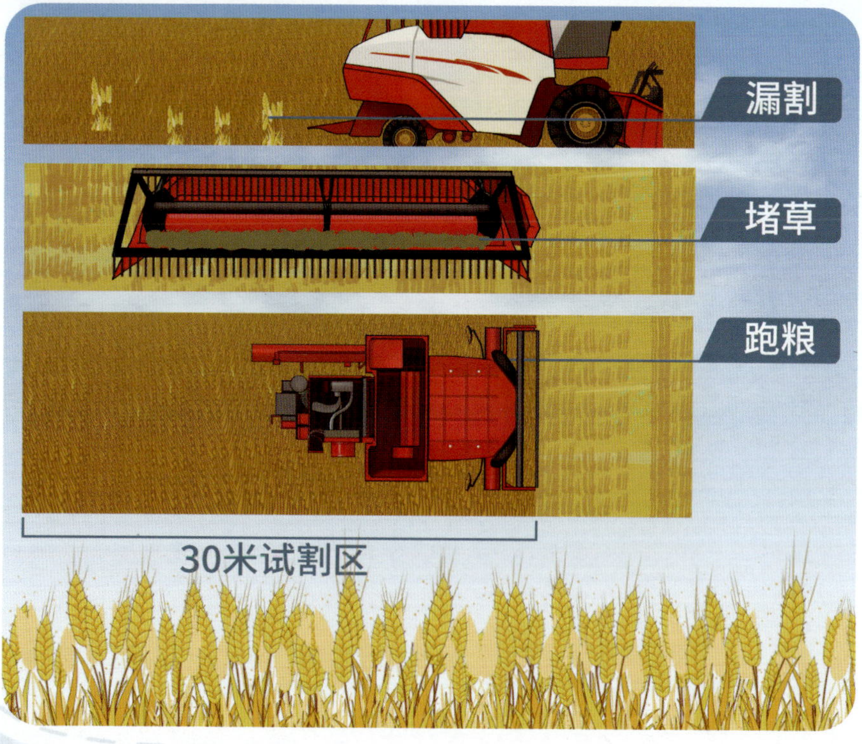

漏割

堵草

跑粮

30米试割区

10 粮食收获作业损失有哪些？

粮食收获作业损失主要包括割台损失、夹带损失、清选损失、漏粮损失等，其中：

割台损失：指割台系统工作状态调整不当造成的籽粒损失。

夹带损失：指收割机的排草中夹带籽粒而产生的损失。

清选损失：指从清选筛后部排出的颖糠中含有籽粒造成的损失。

漏粮损失：指收割机密封件密封不良、密封失效导致粮食漏掉造成的损失。

11 粮食机收损失率的常用测定方法有哪些?

收获作业后,随机选择多个取样区,一般小麦、水稻和玉米籽粒收获取样区长1米,玉米果穗收获取样区长2米;取样区宽均为2米,也可根据当地常用联合收割机工作幅宽确定。

分别收集各取样区域内的籽粒、穗头上未脱净的籽粒和掉落在地面的籽粒,脱粒去杂后称其质量,水稻、小麦和玉米籽粒收获损失率测算如下图。

$$S=W/M\times100$$

式中:S——损失率,%;
W——取样区内水稻(玉米、小麦)籽粒损失质量,g;
M——取样区内水稻(玉米、小麦)籽粒产量,g。

12 如何减少机收作业时的漏粮损失？

漏粮损失主要是收割机密封件密封不良、密封失效等原因造成的。主要检查以下几点：

（1）过桥与脱粒机体侧壁两侧左右间隙要均匀。

（2）过桥底板密封胶皮与喂入锥体前底板要密封严密。

（3）抖动板左右前角、清选筛箱两侧密封胶皮与脱粒机体侧壁要密封严密。

（4）风机上侧密封胶皮与抖动板后部要密封严密。

（5）风机和清选底壳左右两侧密封胶皮要密封严密。

（6）清选室底壳和下筛箱左右两侧密封胶皮要密封严密。

（7）杂余搅龙观察盖要密封严密。

 如何规划稻麦联合收割机在田间的行走路线?

(1)联合收割机作业一般可采取顺时针向心回转、逆时针向心回转、梭形收割3种行走方式。

(2)机手根据地块实际情况灵活选用行走方式,确保卸粮方便、快捷,机车空行程少。

(3)作业时尽量保持直线行驶。

(4)转弯时停止收割,将割台升起,采用倒车法转弯或兜圈法直角转弯,以防压倒未割作物造成漏割损失。

扫一扫

顺时针向心回转　　逆时针向心回转　　梭形收割

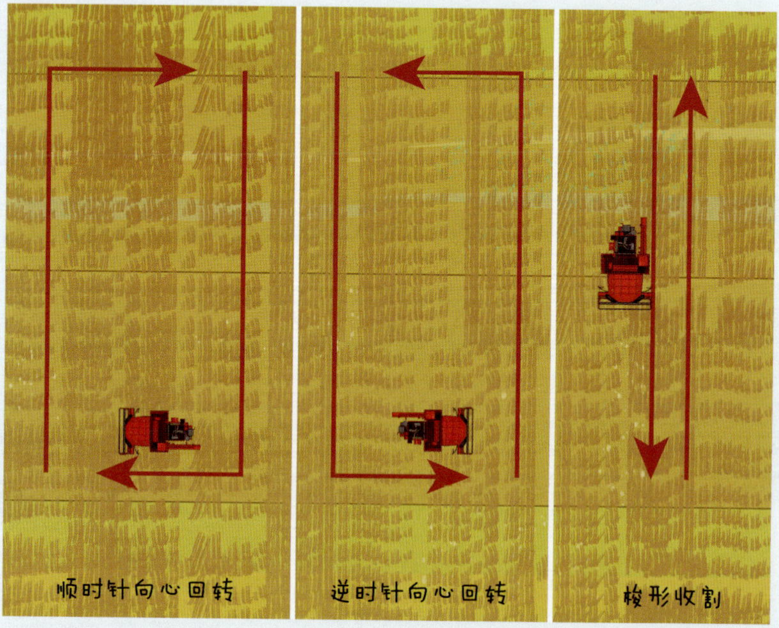

14 如何选择收获机作业速度？

（1）收获机作业全过程（作业前1分钟至结束后2分钟）尽量保持发动机在额定转速下运转。

（2）作业开始时先用低速收获，后逐步提高到适宜作业速度进行收割，避免急加速或急减速。

（3）田间地头作业转弯时，适当降低作业速度。

（4）遇到作物倒伏、稠密、产量大、过熟、湿度大、地块起伏不平、杂草多等情况，适当降低作业速度。

（5）低速行驶作业时，不能降低发动机转速。

扫一扫

15. 收割机收割和行走时油门控制要求是什么？

（1）收割前先将油门手柄调到最大位置，等收割机工作部件运转达到额定工作转速，再驾驶收割机作业。

（2）在整个行进过程中和到达地头升起割台以后20~30秒，都要保持大油门不变。

（3）收割机行走通过调节无级变速手柄或变换挡位来调整行驶速度。如果以减小油门来降速，会降低发动机转速，致使工作部件转速下降，易造成滚筒堵塞。

（4）摘挡停车时，要等收获机工作部件运转一段时间后，再减小油门熄火停车。

16 如何选择合适的机收作业幅宽？

（1）收割小麦和水稻时，作业幅宽以割台宽度的90%为宜，保证喂入均匀；当产量过高、湿度过大或留茬高度过低时，以最低挡速度作业仍超载，则割幅可减少到80%以下。

（2）收割玉米时，正常情况下，尽量满幅收获；负荷较大时，适当减少收获行，保证作物喂入均匀；当玉米行距宽窄不一时，可不满割幅作业，避免剐蹭相邻行茎秆。

扫一扫

17 收割机在田间如何快速转弯？

收割机在田间可采用倒车法实现快速转弯。当收割机作业到田间地头时，收完后开始升割台，前轮与未割作物平齐时向右转弯约60°，后轮超出未割作物后即停车换倒挡，边倒车边向右转弯约30°，从而使机器完成90°转向。割台对正割区换前进挡，降低割台前行继续收割。

18 如何收割田块边角地的农作物？

（1）使用手动割草机或手工收割。

（2）确定合适的收割路径，从易于收割机下田的一角沿着田埂割出一个割幅，割到头后倒退5~8米，斜着割出第二个割幅，依此方法，多次斜向收割完成田块边角的农作物收割，尽量避免收割机在田里掉头。

19 夜间机收作业注意事项包括哪些？

（1）确保收割机所有照明灯设备正常，光照强度满足作业需要。

（2）作业人员佩戴反光标识。

（3）在作业区域设置警示设施，提示车辆行人注意绕行。

（4）尽量减少高风险作业，调整作业速度。

（5）作业后将收割机停放在安全区域，检查照明系统。

（6）确保作业人员得到充足休息。

（7）对作业区域实施必要的交通管制，避免危险。

不同地形地貌如何选择收获机械和作业方式？

（1）平原地区可选用大型联合收割机，集中大面积收割。
（2）丘陵地区可选择机动灵活的联合收割机，适应频繁的变速转向。
（3）山区地形复杂，可选用小型、重量轻、机动性强的联合收割机。

平原

缓坡

丘陵

21 适宜丘陵山区的联合收割机结构有哪些特殊设计？

（1）可增加悬挂系统弹簧的悬浮行程，提高越障能力。
（2）可采用四轮驱动，提高爬坡性能。
（3）可缩短轴距，增强机动灵活性。
（4）可降低车体重心，增强倾角稳定性。
（5）可加宽履带，提高土地适应性。
（6）可加强底盘结构，提高抗震性。

22. 丘陵山区机收作业如何防止发生侧翻事故？

推广使用重心低、轻简化的小型联合收割机。
（1）定期检查轮胎胎面、气压及保养传动系统。
（2）加装倾角传感器和抗侧倾保护装置，实时监控侧倾角。
（3）通过转弯路段要减速，防止侧滑。
（4）湿软路段不要突然转向和制动。
（5）不在陡坡和悬崖边作业。
（6）保持收割机重心合理，避免车上载重偏向一侧。

23 联合收割机维修有哪些禁止事项?

（1）禁止使用不符合联合收割机安全技术标准的零配件。

（2）禁止拼装、改装联合收割机整机。

（3）禁止承揽维修已经达到报废条件的联合收割机。

（4）国家规定的其他禁止性行为。

24 收获机具报废更新补贴的条件是什么?

(1)报废的收获机具应当主要部件齐全,来源清晰合法,机主应就机具来源、归属等作出书面承诺。

(2)纳入牌证管理的收获机具需提供监理机构核发的牌证;无牌证或未纳入牌证管理的,应当具有铭牌或出厂编号、车架号等机具身份信息。

(3)报废收获机具的使用年限等技术条件由各省份参照相关机械报废标准确定。

(4)对未达报废年限但安全隐患大、故障发生率高、损毁严重、维修成本高的收获机具,允许申请报废补贴。

25 智能化技术应用于机收减损有哪些优势?

通过安装损失率、含杂率、破碎率在线监测装置,驾驶员能够依据该装置所提示的相关指标与曲线,适时调整作业速度、喂入量、留茬高度等作业状态参数,以实现并保持损失率、含杂率、破碎率处于较为理想的作业状态。

(1)应用传感器技术,实现收割参数的精确控制。

(2)应用北斗导航定位技术,实现自动驾驶大面积精准收割。

(3)应用变量传动系统技术,实现根据地形和作物条件对整机动力分配实现智能调控。

(4)应用网络通信技术,实现远程监控和机器诊断。

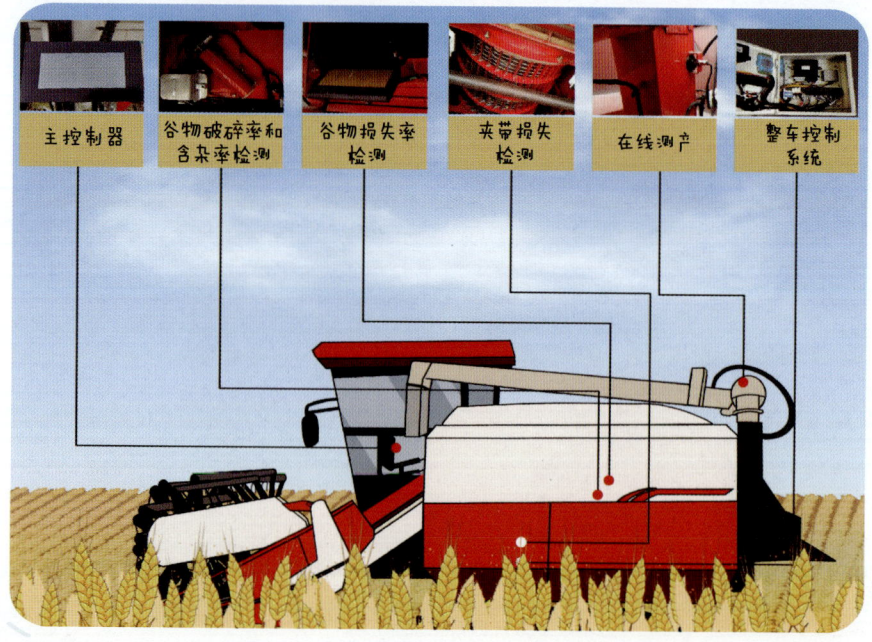

小麦篇

我国小麦主产区包括黄淮海冬麦区、长江中下游冬麦区、西北冬麦区、西南冬麦区、东北春麦区、西北春麦区等区域。2023年，我国小麦播种面积2305.9万公顷，产量为1.35亿吨，小麦耕种收综合机械化率超过97%，其中机收率超过97%。

《颗粒归仓：粮食机收减损（小麦）》完整版视频

26 如何分辨小麦蜡熟期和完熟期？

（1）蜡熟中期：下部叶片干黄，茎秆有弹性，籽粒转黄色，饱满而湿润，籽粒含水率25%~30%。

（2）蜡熟末期：植株变黄，仅叶鞘茎部略带绿色，茎秆仍有弹性，籽粒黄色稍硬，内含物呈蜡状，含水率20%~25%。

（3）完熟初期：叶片枯黄，籽粒变硬，呈品种本色，含水率在20%以下。

扫一扫

蜡熟中期		
	叶片	干黄
	茎秆	有弹性
	籽粒	饱满而湿润
	含水率	25%-30%

蜡熟末期		
	植株	干黄
	茎秆	有弹性
	籽粒	稍硬，内含物呈蜡状
	含水率	20%~25%

完熟初期		
	叶片	枯黄
	籽粒	变硬
	含水率	<20%

27 如何选择小麦机收适宜期？

小麦机收宜在蜡熟末期至完熟初期进行，此时产量最高，品质最好。

（1）大面积收获：可选择在蜡熟中期开始作业。

（2）小面积收获：可选择在蜡熟末期作业。

（3）留种用的麦田：宜在完熟期收获。

（4）如遇雨季迫近，或急需抢种下茬作物，或品种易落粒、折秆、折穗、穗上发芽等情况，可抢晴提前收获。

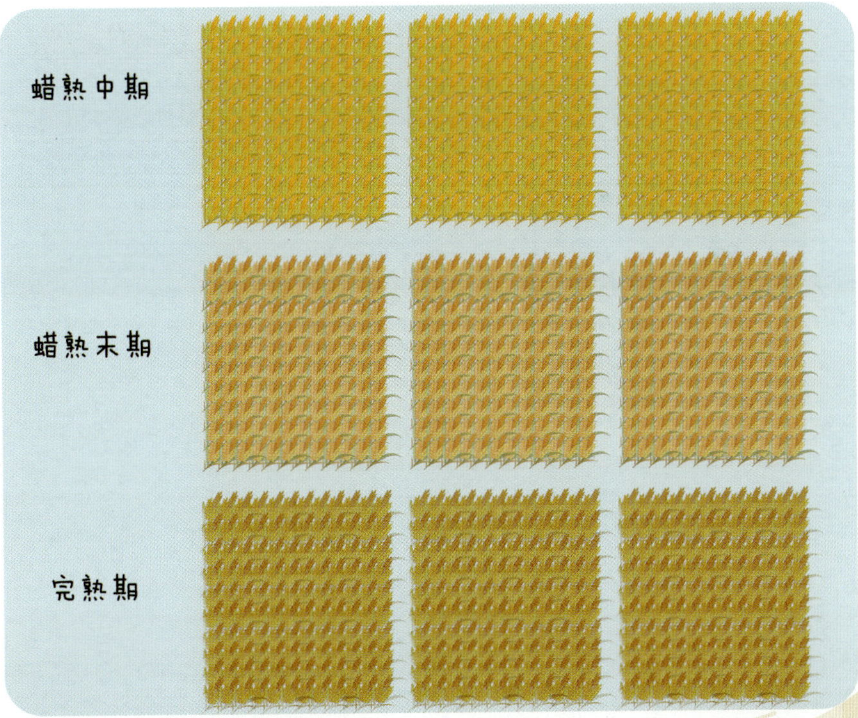

扫一扫

28 小麦机收作业质量的判定标准是什么?

小麦机收作业质量应符合相关作业质量标准要求。

小麦机收作业质量要求

项目名称	质量指标要求	
	全喂入式	半喂入式
损失率/%	≤1.8	≤3.0
含杂率/%	≤2.0	≤2.0
破碎率/%	≤1.0	≤0.5
割茬高度/mm	普通≤150；留高茬≤250	
茎秆切碎合格率/%	≥90	

29 如何用"巴掌法"测定小麦机收损失率?

用成人的手掌划定取样区域,面积按 0.02 米² 计,按照下式计算取样区的损失率。

$$S_i = \frac{N_i \times G}{M \times 0.02 \times 1000} \times \frac{666.66}{1000} \times 100$$

式中:S_i——损失率,%;

M——单位面积小麦籽粒产量,千克/亩;

N_i——第 i 个取样区籽粒数量,个;

G——该地块往年小麦千粒重,克。

如果没有称重条件,可以用往年小麦千粒重估算落地籽粒质量。

以小麦千粒重 45 克,亩产量 450 千克,工作幅宽为 2 米的收割机为例,按照标准全喂入式机收小麦损失率 ≤ 1.8%,"巴掌法"不超过 5 粒。

不同小麦品种按千粒重和亩产量确定落地籽粒判定标准粒数。

30 小麦机收割茬适宜高度是多少？

（1）正常情况下，割茬高度以10~15厘米为宜，割茬过高容易造成漏割和落地损失。

（2）在保证正常收割的情况下，割茬可尽量降低，但不能小于5厘米，割茬过低割刀容易切入泥土，导致切割器磨损。

扫一扫

 **在收获茎秆含水率较高的小麦时，如何选择合适割台？**

对于小麦穗头下部茎秆含水率较高地块收获作业时，可选用双层割刀割台，以减少喂入量，降低小麦留茬高度。

 **如何调整拨禾轮的速度和位置？**

（1）拨禾轮的线速度为小麦收割机前进速度的1.1~1.2倍，拨禾轮弹齿或压板作用在小麦植株高度的2/3处。

（2）如果拨禾轮转速过高、位置偏高，容易造成小麦穗头籽粒脱落，增加收获损失。

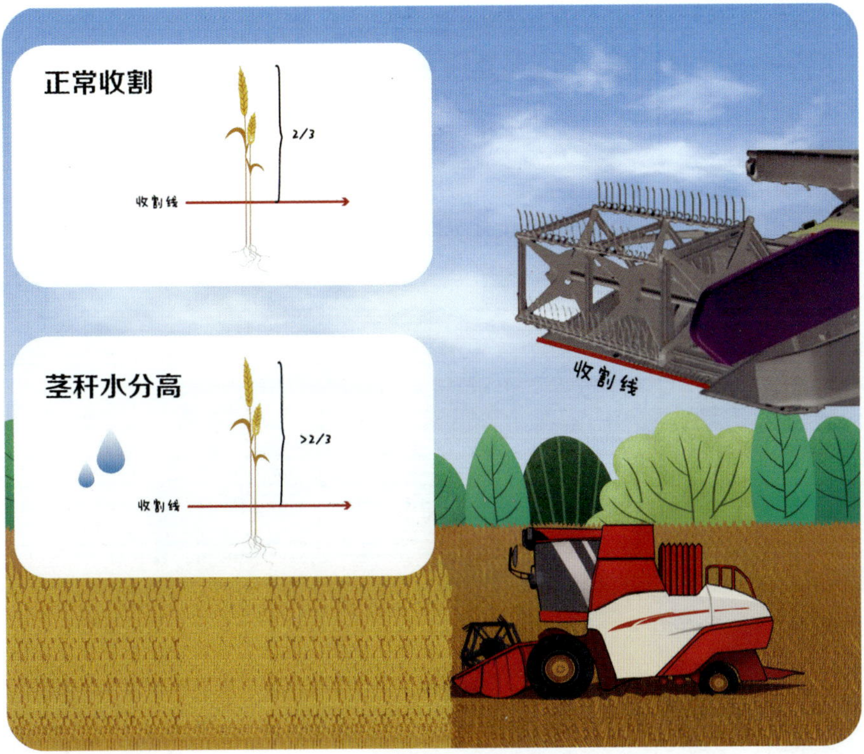

正常收割

2/3
收割线

茎秆水分高

>2/3
收割线

33. 如何解决拨禾轮打落籽粒太多的问题？

（1）调整拨禾轮高度：向下调整拨禾轮，拨禾轮弹齿工作时位于穗头下部 10~15 厘米为宜，同时弹齿角度尽量垂直。

（2）调整拨禾轮转速：适当降低拨禾轮转速。调整拨禾轮转速时，应在拨禾轮运转状态下进行。

34 如何解决小麦收割机割台喂入不畅的问题？

（1）一般密度条件下，喂入搅龙与割台底板间隙推荐10~20毫米，伸缩尺与割台底板间隙10~15毫米。

（2）矮秆密度小的小麦，喂入搅龙与割台底板间隙推荐10~15毫米，伸缩尺与割台底板间隙不小于6毫米。

（3）高秆密度大的小麦，喂入搅龙与割台底板间隙推荐20~30毫米。

35 如何处理割台前堆积作物?

（1）如果搅龙与各台底间隙过大，可调小割台搅龙与割台底间隙。

（2）如果茎秆短，拨禾轮太高或太偏前，可下降或后移拨禾轮，降低割茬。

（3）如果拨禾轮转速太低，可适当提高拨禾轮转速。

 **如何调整脱粒清选等工作部件？**

（1）在破碎率不超标情况下，可适当提高脱粒滚筒转速、减小滚筒与凹板之间间隙、调整入口与出口间隙之比为 4∶1 等，来提高脱净率，减少脱粒损失。

（2）在含杂率不超标情况下，可以适当减小风扇风量、调大筛子开度、提高尾筛位置等，来降低清选损失。

 **如何解决脱粒过程中麦粒破碎较多的问题？**

（1）先检查引起籽粒破碎的部位，检查顺序：滚筒脱出物（抖动板位置）→籽粒底搅龙位置→粮仓位置。

（2）若是滚筒引起的破碎，可适当降低滚筒转速或增大凹板间隙。

（3）若是籽粒底搅龙引起的破碎，须检查底搅龙和底板的间隙或者检查有无堵塞。

（4）若是链耙引起的破碎，须检查链耙张紧度是否过松，及时张紧。

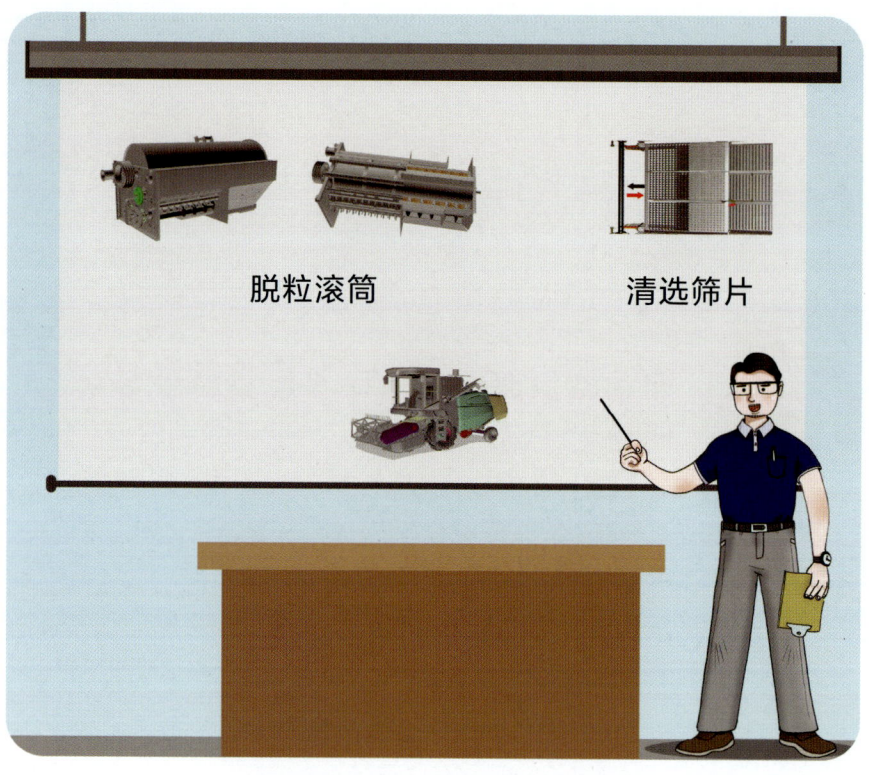

38 如何解决小麦收割机滚筒堵塞问题？

（1）如果滚筒转速偏低或作业速度过高，应提高滚筒转速或降低作业速度。

（2）如果作物潮湿，喂入量偏大，应降低收割机前进速度或提高割茬，减小喂入量。

（3）如果作业时发动机油门不到额定位置，应将油门放到最大位置。

（4）如果滚筒堵死，需要停机后，取出滚筒中堵塞的小麦。

脱粒滚筒

39. 如何调整清选筛片开度可降低收获损失率？

（1）上筛：在粮箱籽粒含杂率允许的前提下，开度尽可能大（推荐值：18~20毫米）。

（2）下筛：对籽粒清洁度影响较大，一般以较小开度为宜（推荐值：12~15毫米）。

（3）尾筛：对杂余量影响较大，一般以较小开度为宜（推荐值：8~10毫米）。

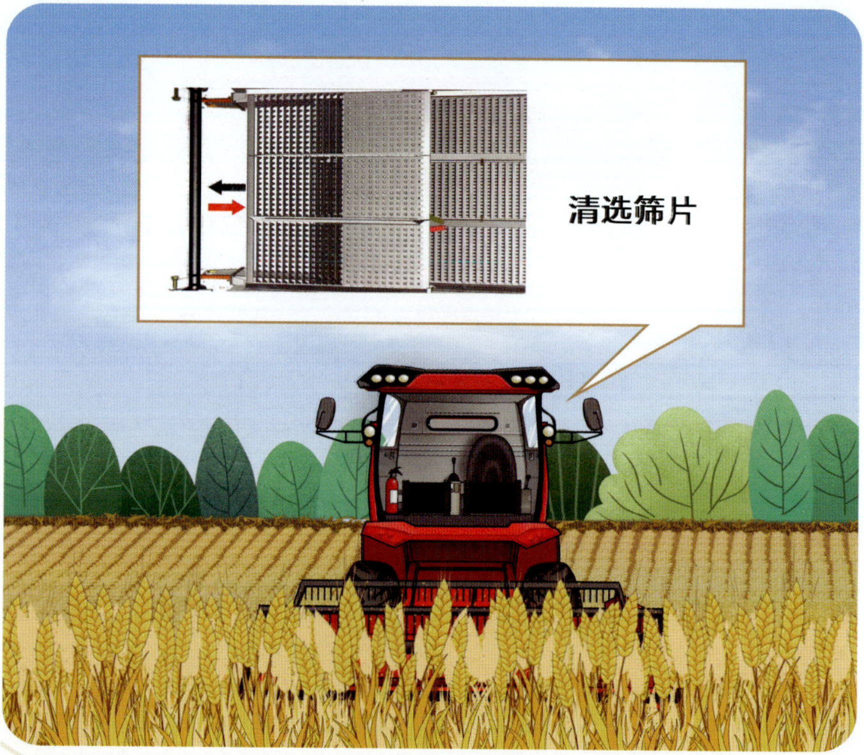

 **如何解决麦穗脱粒不净的问题?**

根据小麦成熟情况及作业速度,适当提高滚筒转速,减小脱粒凹板间隙,从而提高脱粒能力。

 **如何解决收割机籽粒升运器链耙破碎籽粒较多的问题?**

(1)检查籽粒升运器链耙是否松动,若松动及时张紧链条。一般张紧后,用手轻轻能够推动链轮即可。

(2)检查籽粒底搅龙下部是否存在积泥,注意及时清理,避免籽粒在此处挤破。

42 如何解决脱出物过多导致清选筛箱中糠较多的问题？

此情况一般出现在收获干燥小麦时，秸秆干燥，容易打碎。
（1）减小滚筒转速或增大凹板间隙。
（2）适当提高风机转速或增加风机进风口。

43 如何解决收割机排出的糠中裹有籽粒的问题?

（1）适当降低车速，减小机器喂入量，降低损失。

（2）提高风机风量或增大筛片开度。

（3）收获干燥作物，可通过适当降低滚筒转速或增大凹板间隙，降低滚筒脱出物。

 **如何解决小麦收割机粮仓中糠较多的问题?**

(1)检查上筛和下筛开度,一般上筛开度18~20毫米,下筛开度12~15毫米为宜。

(2)收获干燥高产作物时,可适当增大风机风量。

 **如何解决小麦收割机粮仓中穗头较多的问题?**

(1)如果脱粒能力不足,应提高滚筒转速或减小凹板间隙。

(2)如果下筛开度过大,应适当减小下筛开度。

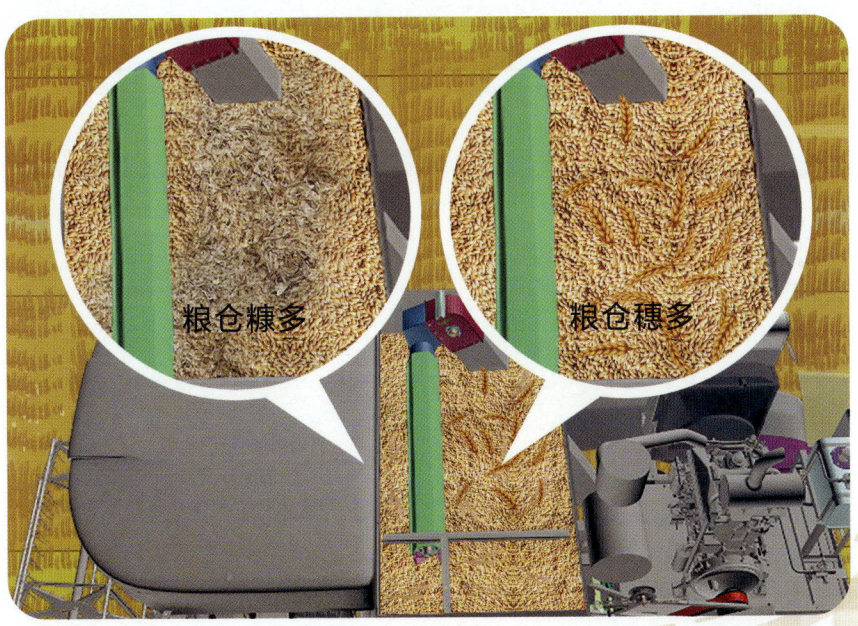

粮仓糠多　　　粮仓穗多

46 收割倒伏小麦要注意什么？

（1）适当降低割茬，减少漏割。

（2）倒伏严重时，采取逆倒伏方向收获，拨禾弹齿后倾15°～30°，拨禾轮适当前移，安装专用的扶禾器。

（3）适当降低作业速度来减少喂入量，防止堵塞。

（4）适当增加风量，调整好风向和筛子的开度，以糠中不裹粮为宜。

（5）割台底板轻触地面，割刀距地面高度视倒伏情况调整低于10厘米为宜。

扫一扫

47 如何解决收获倒伏小麦时漏割植株较多的问题？

采用逆向收割方式，即收割机前进方向与小麦倒伏方向相反。
（1）将割台放至最低位置。
（2）拨禾轮弹齿角度向后偏转。
（3）减小拨禾轮弹齿距切割器前后距离。
（4）尽量放低拨禾轮高度，弹齿一般低于切割器。
（5）检查割台最左和最右端的护刃器尖距离地面高度是否一致，一般左右高度差不超过割幅的 1%。

48 如何收割过熟小麦？

（1）适当减小拨禾轮转速，防止拨禾轮板击打麦穗造成掉粒损失。

（2）降低作业速度，适当减小清选筛开度。

（3）此时茎秆韧性较强，可在早晨或傍晚开展收割作业。

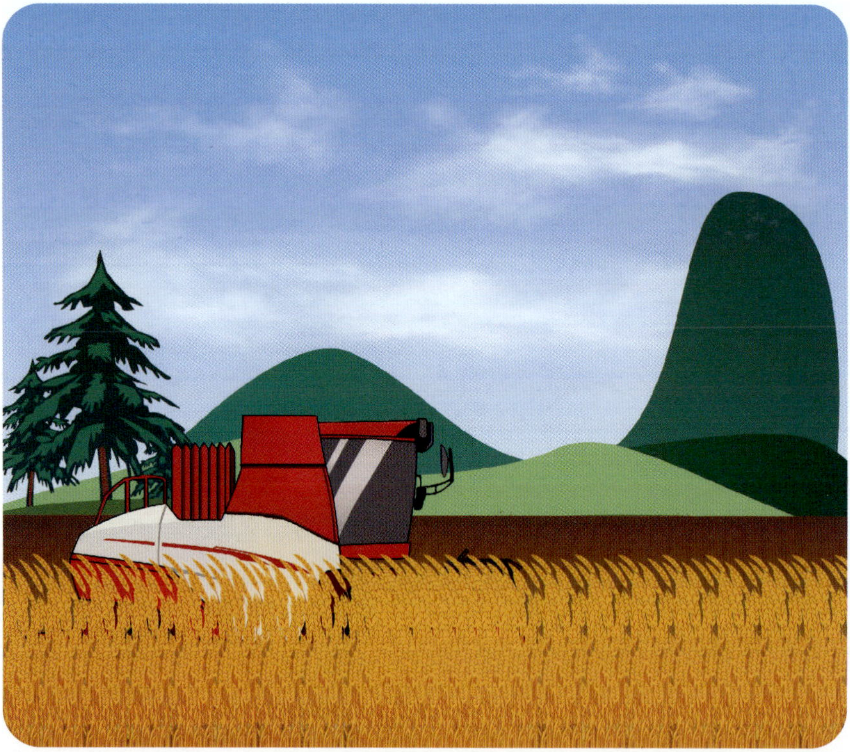

 **收获高产潮湿小麦时，滚筒掉速严重的问题如何解决？**

（1）适当降低收割速度或者不满幅收割，减小喂入量。
（2）检查主离合皮带及滚筒传动皮带是否张紧，或调整皮带轮间隙。

 **如何解决收获潮湿小麦夹带损失大的问题？**

（1）提高滚筒转速或减小活动凹板间隙，提高分离能力。
（2）检查凹板是否堵塞，若发现堵塞，及时清理凹板。
（3）适当降低收割速度，或者不满幅收割，减小喂入量。

水稻篇

我国水稻产区大致分为华南双季稻稻作区、华中单双季稻稻作区、西南高原单双季稻稻作区、东北早熟单季稻稻作区、华北单季稻稻作区和西北干燥区单季稻稻作区6个稻作区。2023年,我国稻谷播种面积2893.33万公顷,产量2.066亿吨,水稻耕种收综合机械化率超过86%,其中,机收率超过95%。

《颗粒归仓:粮食机收减损(水稻)》完整版视频

51 如何根据稻穗外部形态判断适宜收获期？

(1) 水稻穗部 90% 以上籽粒谷壳及穗轴、枝梗转黄，谷粒变硬时即可进行收获。

(2) 落粒性强的品种适当早收，不易落粒的品种适当晚收。不同品种的稻穗籽粒落粒性不同，籼稻比粳稻更容易落粒。

(3) 在易发生自然灾害或复种指数较高的地区，提前至九成成熟时开始收获。

52 如何根据水稻生长时间判断适宜收获期？

不同品种的水稻适宜收获期的时间不同。

（1）南方早籼稻，齐穗后 25~30 天。

（2）中籼稻，齐穗后 30~35 天。

（3）晚籼稻，齐穗后 35~40 天。

（4）中晚粳稻，齐穗后 40~45 天。

（5）北方单季稻区，齐穗后 45~50 天。

扫一扫

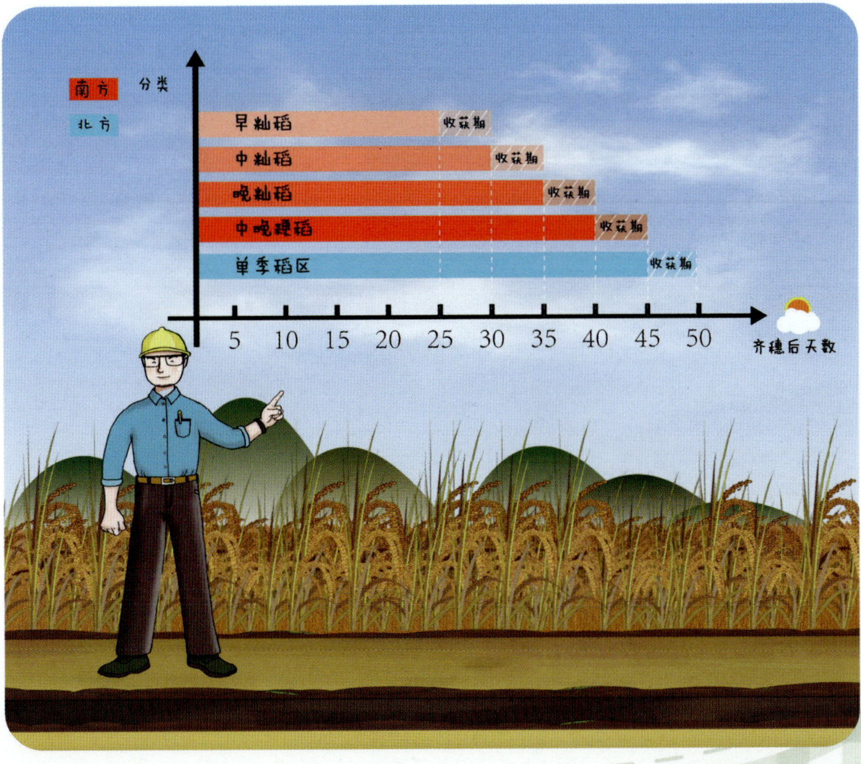

53 水稻收割机的喂入方式有哪几种?

常用的水稻收割机有全喂入式和半喂入式两种。

（1）全喂入式收割机：割取整株水稻，通过割刀将水稻切割后进入滚筒脱粒，其优点是结构相对简单，喂入量大，作业效率高，操作和维修方便。

（2）半喂入式收割机：割取水稻穗部，仅穗头部分进入滚筒脱粒，秸秆保持完整，其优点是脱粒效果好，含杂率低，但传动结构较复杂，价格相对较高。

全喂入式收割机

半喂入式收割机

54　水稻分段收获要注意什么？

（1）使用分段式割晒作业时，要铺放整齐、不塌铺、不散铺，穗头不着地，防止干湿交替，增加水稻惊纹粒，降低粮食品质。

（2）捡拾作业时，最佳作业期在水稻割后晾晒3~5天，稻谷水分降至14%左右，要求不压铺、不丢穗、捡拾干净。

55 水稻机收作业质量标准是什么？

水稻机收作业质量应符合相关作业质量标准要求。

水稻机收作业质量要求

项目名称	质量指标要求	
	全喂入式	半喂入式
损失率/%	≤2.8	≤2.5
含杂率/%	≤2.0	≤1.0
破碎率/%	≤1.5	≤0.5
割茬高度/mm	普通≤150；留高茬≤250	
茎秆切碎合格率/%	≥90	

56 如何用"半米幅宽法"测定水稻机收损失率?

沿着收割机前进方向长度为 0.5 米,宽为联合收割机工作幅宽,确定为一个取样区,按照下式计算取样区的损失率。

扫一扫

$$S_i = \frac{W_i}{M \times L \times 0.5} \times \frac{666.6}{1000} \times 100$$

式中:S_i——第 i 个取样区损失率,%;
W_i——为第 i 个取样区落地籽粒质量,克;
M——收割机工作幅宽,米;
L——水稻亩产量,千克/亩。

如果没有称重条件,可以用往年稻谷千粒重估算落地籽粒质量。以稻谷千粒重25克、亩产量500千克,工作幅宽为2米的收割机为例,按照全喂入收割机标准损失率≤2.8%,"半米幅宽法"一个取样区域内落地籽粒应不超过840粒。不同水稻品种按千粒重、亩产量以及收割机工作幅宽确定落地籽粒判定标准粒数。

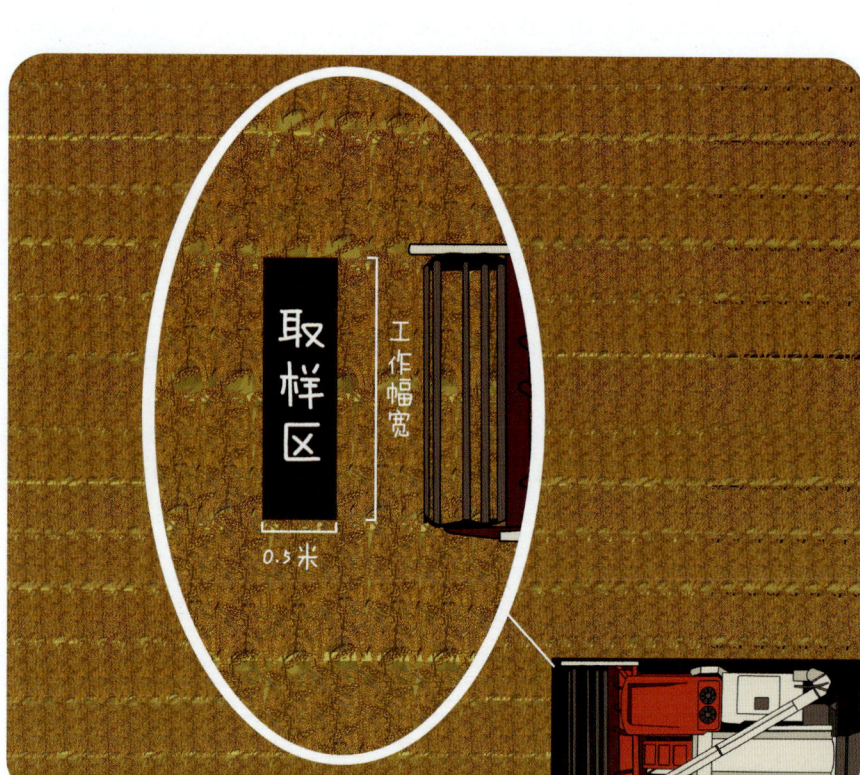

57 如何开出水稻机收割道？

（1）从易于收割机下田的一角沿着田埂割出一个割幅，割到头后倒退5~8米。

（2）斜着割出第2个割幅，割到头后再倒退5~8米，斜着割出第3个割幅。

（3）重复步骤（1）、（2）开出横向方向的割道。

（4）规划较整齐的田块，可将几块田连接起来开好割道，割出3行宽的割道后再分区收割，提高收割效率。

（5）收割过程中机器保持直线行走，避免边割边转弯。

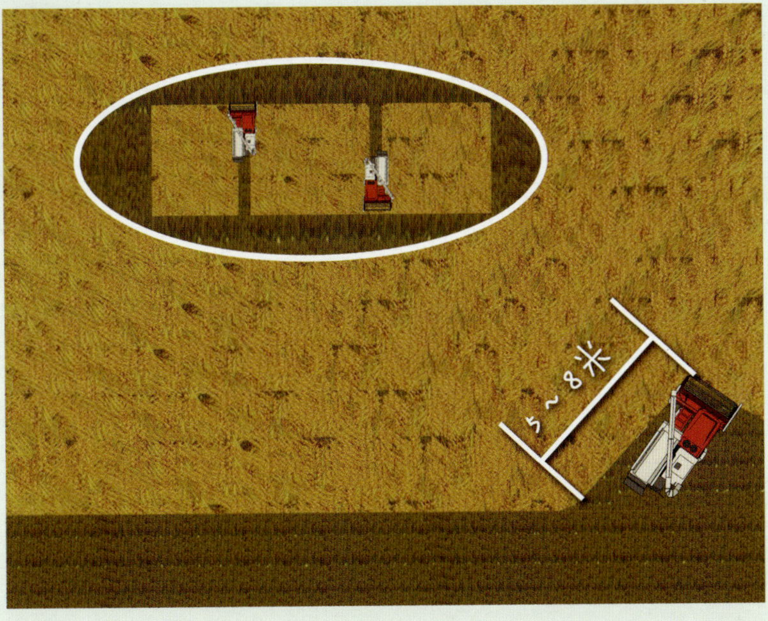

 **如何解决拨禾轮打落籽粒较多的问题?**

(1) 若拨禾轮转速太高,须降低拨禾轮转速。
(2) 若拨禾轮位置偏前导致拨禾强度大,须后移拨禾轮。
(3) 若拨禾轮高度偏高导致拨禾弹齿击打穗头,须降低拨禾轮高度。

 **如何解决拨禾轮翻草的问题?**

(1) 若拨禾轮位置偏低,应抬高拨禾轮位置。
(2) 若拨禾轮弹齿后角度偏大,应调整拨禾轮弹齿角度。
(3) 若拨禾轮位置偏后,应将拨禾轮位置前移。

水稻篇

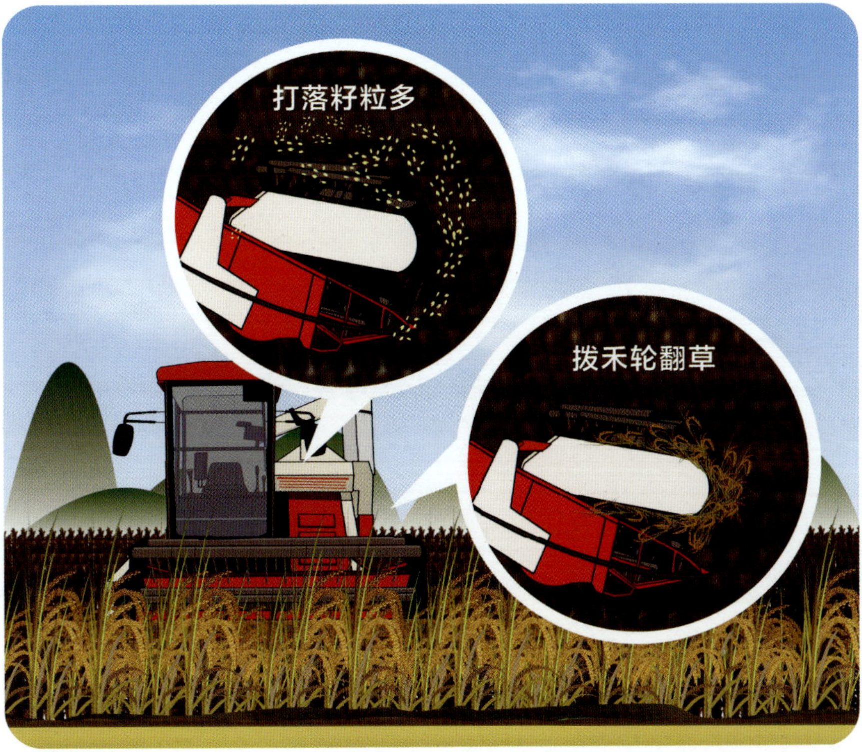

 **如何解决脱粒滚筒堵塞的问题？**

（1）若滚筒带和联组皮带张紧度偏小，可张紧相关皮带。
（2）若作物潮湿，可适当延期收获或降低喂入量。
（3）若喂入量偏大，可通过降低机器前进速度、提高割茬、减少割刀幅宽等方式减少喂入量。
（4）若滚筒转速较低，可适当提高滚筒转速。

 **如何解决脱粒过程中谷粒飞散较多的问题？**

（1）发动机转速过高时，调节油门手柄，降低发动机转速。
（2）清选风扇风力较大时，将清选风扇调整板朝"关"（弱）的方向调整。
（3）脱粒室排尘阀开度过大时，将脱粒室排尘阀调节手柄朝"关"的方向调整。
（4）筛网堵塞时，清扫谷粒筛。

62 水稻收割机脱粒装置发出异常声响时如何处理？

（1）若是发动机转速过低引起的，应调节油门手柄，提高发动机转速。

（2）若是作业速度过快引起的，应调节主、副变速手柄至合适的作业速度。

（3）若是作物水分过多引起的，应待作物充分干燥后再进行收割作业。

（4）若是脱粒装置中排尘阀开度过小引起的，应将排尘阀调节手柄朝"开"的方向调整。

63 脱粒后夹在秸秆中的谷粒较多应如何处理？

（1）若发动机转速未达到额定转速，应调整发动机转速。

（2）若联组皮带和脱谷皮带未张紧，应调整皮带至标准范围。

（3）若凹板筛前后"死角"堵塞，分离面积缩小，应提高滚筒转速，清理"死角"的堵塞。

（4）若喂入量偏大，应降低机器前进速度或提高割茬。

64. 脱粒出的谷物含杂率高应如何调整？

适当提高割茬高度，避免夹带泥土喂入。

（1）如鱼鳞筛角度偏大，应将鱼鳞筛角度调小到合适位置。

（2）如风机风量偏小，应调整风量调节板，适当增加进风量，或提高风机转速。

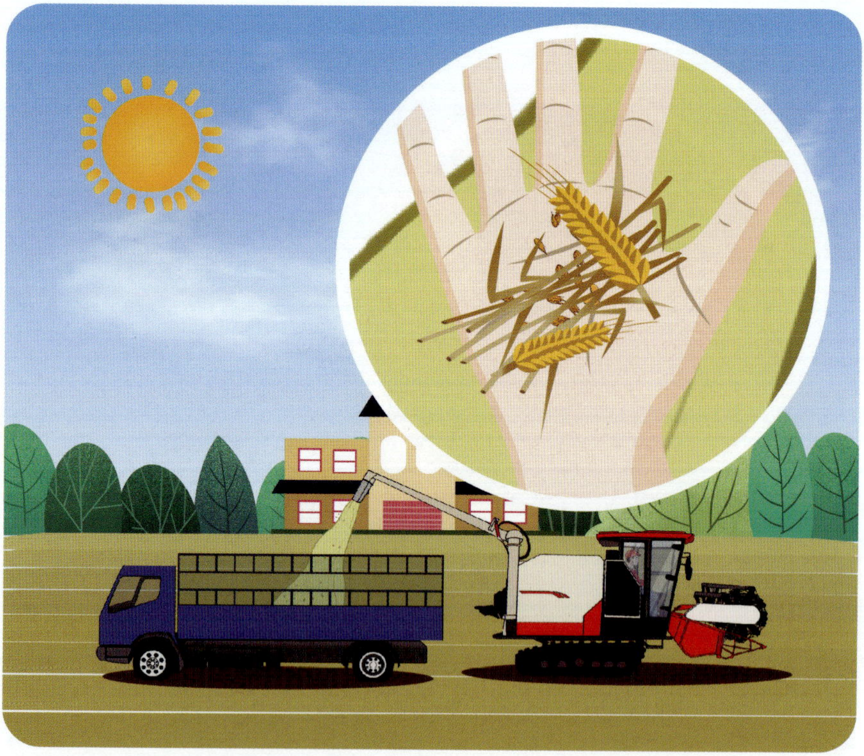

65 发现掉壳、损伤的谷粒较多时,应如何处理?

(1)如喂入量不稳定,可稍微加快作业速度。

(2)如发动机转速过高,可调节油门手柄,降低发动机转速。

(3)如脱粒装置排尘阀开度过小,可将排尘阀调节手柄朝"开"的方向调整。

(4)如筛网堵塞,可清扫谷粒筛,将筛选板调节手柄朝"关"的方向调整。

(5)可适当降低脱粒滚筒转速、增大脱粒间隙。

66. 如何解决水稻收割机卸粮筒堵塞的问题?

(1) 若粮仓内部抖动板行程小,则调整抖动板行程。

(2) 若卸粮搅龙叶片磨损,则更换新的卸粮搅龙。

(3) 若卸粮搅龙连接处传动齿轮磨损,则更换传动齿轮。

(4) 若卸粮传动皮带未张紧,则按要求张紧卸粮皮带。

67 湿田作业时，需要注意什么？

扫一扫

选用履带式谷物联合收割机。

（1）收割前，仔细确认作物倒伏等状态和田块泥泞程度。

（2）收割过程中，如遇到收割机打滑、下沉、倾斜等情况时，应降低作业速度，不急转弯，不在同一位置转弯，避免急进、急退，及时排除粮仓内的谷粒。

（3）若在较为泥泞的湿田中收割倒伏作物或潮湿作物时，低速、少量依次收割，并及时清除割刀和喂入筒入口的秸秆屑及泥土。

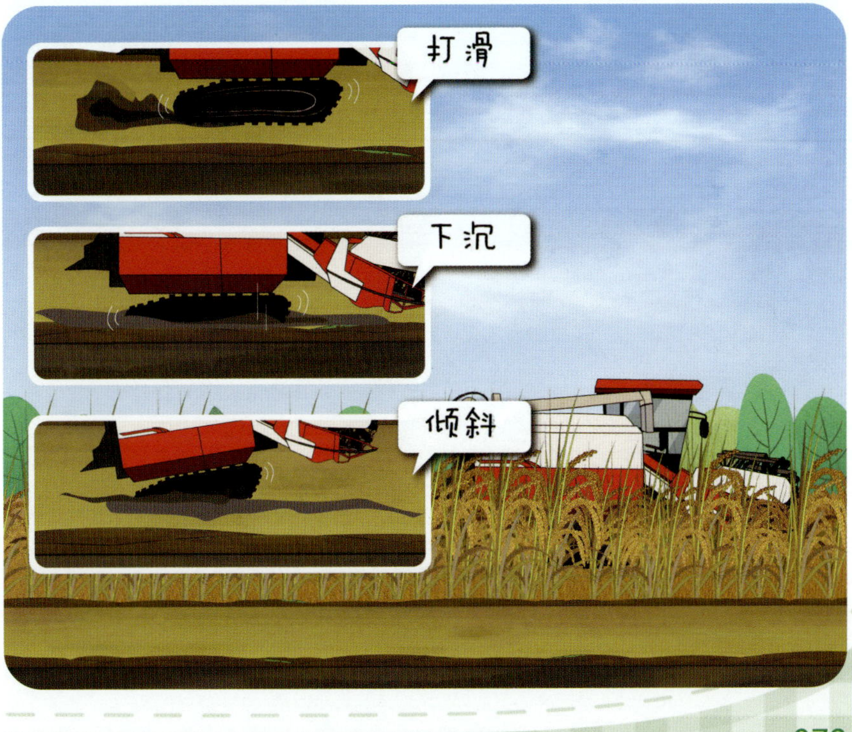

68 如何收割倒伏水稻？

（1）放慢作业速度，可安装扶倒器等装置。

（2）倒伏角小于45°时收割作业不受影响。

（3）倒伏角在45°~60°时，拨禾轮位置前移、调整弹齿角度后倾。

（4）倒伏角大于60°时，使用全喂入联合收割机逆向收割，拨禾轮位置前移且转速调至最低，调整弹齿角度后倾。

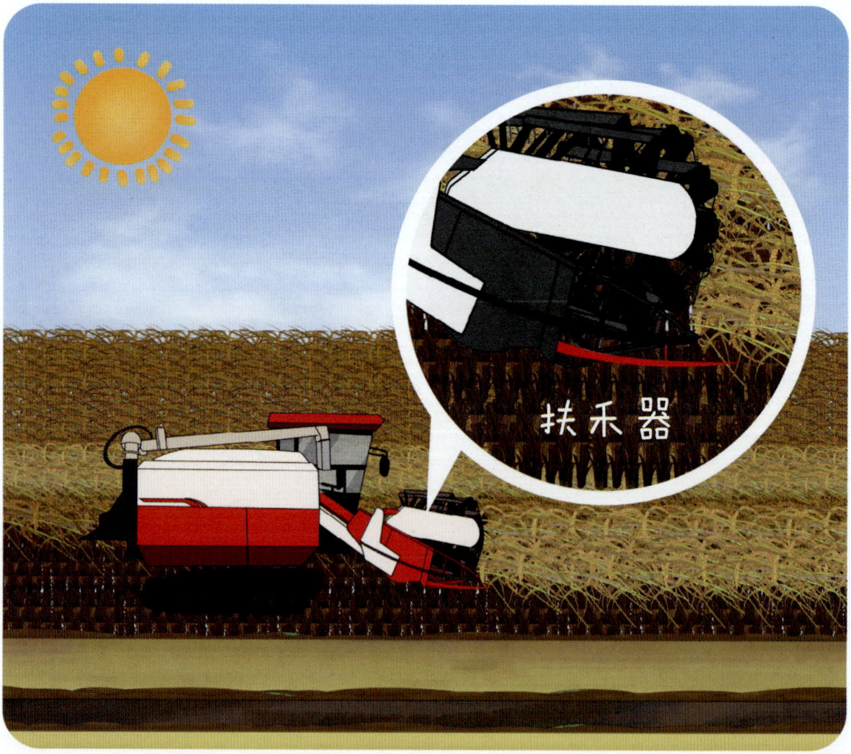

69 收割过熟水稻应注意什么？

（1）尽量降低留茬高度，一般为10~15厘米，但要防止切割器"入泥吃土"。

（2）不使用半喂入收割，以减少切穗、漏穗的情况发生。

扫一扫

70 如何选择水稻烘干设备？

（1）小产粮区、优质稻等宜选用循环式烘干机，大产粮区、商品粮等可选用连续式混流、顺混流烘干机。

（2）丘陵山区宜选用小型循环式烘干机和多功能箱式烘干机。

（3）宜选用燃气、生物质、热泵等环保热源，长江以南的华南、华中地区优先选用热泵烘干机。

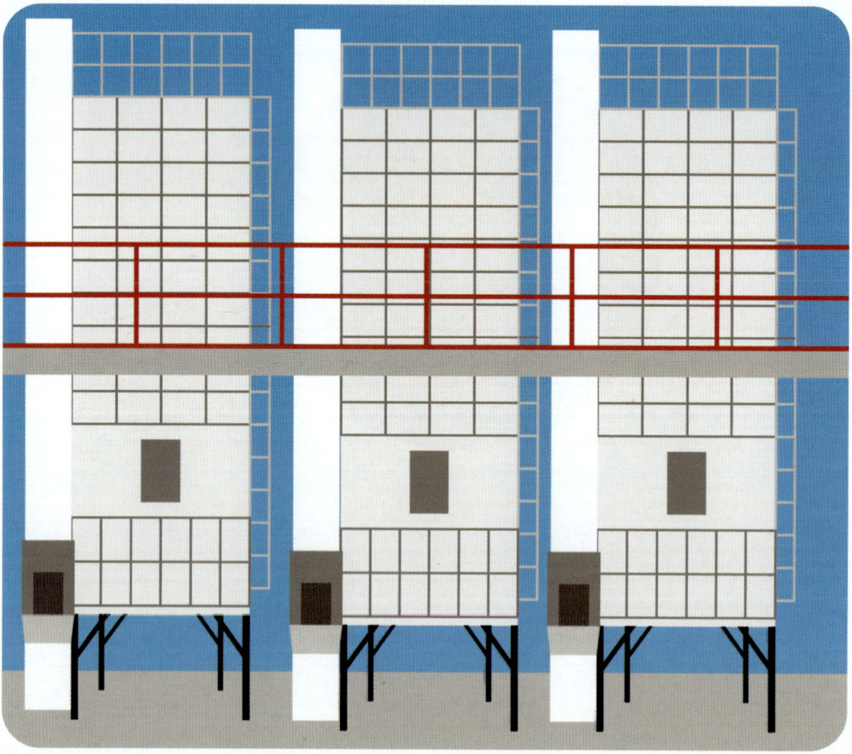

玉米篇

我国玉米产区大致分为北方春播玉米区、黄淮海夏播玉米区、西南山地玉米区、南方丘陵玉米区、西北灌溉玉米区、青藏高原玉米区6个区域。2023年，我国玉米播种面积4420万公顷，产量2.89亿吨，玉米耕种收综合机械化率超过90%，机收率超过80%。

《颗粒归仓：粮食机收减损（玉米）》完整版视频

71 如何确定玉米的适宜收获期？

扫一扫

（1）正常情况下，籽粒玉米达到生理成熟时收获，指标表现为籽粒乳线消失、黑层出现；青贮玉米常常乳熟末期至蜡熟期收获，表现为籽粒胚乳呈蜡状，乳线处于1/3~1/2处；鲜食玉米一般乳熟期收获，籽粒胚乳呈乳状至糊状。

（2）收获倒伏玉米、过湿地块玉米，根据天气情况、受灾情况以及下茬作物播种时间，因地制宜收获。

（3）如遇雨季迫近或品种易落粒、折秆、掉穗、穗上发芽等情况，适当提前抢收。

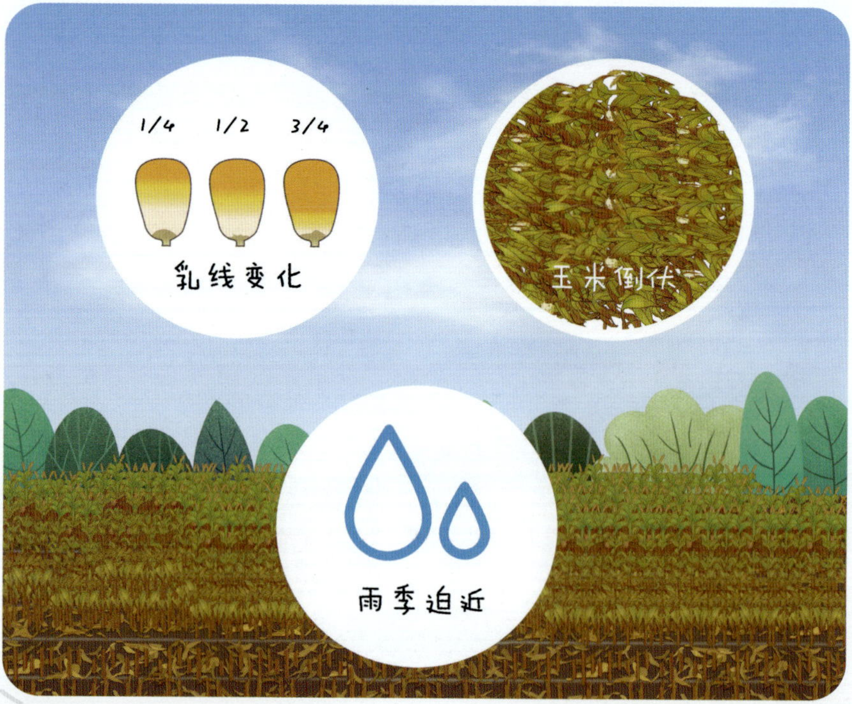

乳线变化

玉米倒伏

雨季迫近

72 玉米收获机类型主要有哪些？

（1）玉米果穗收获机：完成玉米摘穗、集穗或同时完成果穗剥皮以及茎秆切碎的收获机。

（2）玉米籽粒收获机：一次完成玉米籽粒收获的收获机。

（3）玉米穗茎收获机：一次完成玉米摘穗、剥皮、集穗及茎秆切碎收集的收获机。

（4）鲜食玉米收获机：完成鲜食玉米摘穗、集穗或同时完成茎秆切碎收集的收获机。

（5）种穗玉米收获机：完成种穗玉米摘穗、集穗或同时完成茎秆处理的收获机。

73 什么情况下采用玉米果穗收获方式？

对种植中晚熟品种和晚播晚熟的地块，玉米籽粒含水率在25%以上时，应采取机械摘穗剥皮、晒场晾棒或整穗烘干的收获方式，待果穗籽粒含水率降至25%以下或东北地区白天室外气温降至−10 ℃时，再机械脱粒。

玉米篇

 **什么情况下采用玉米籽粒收获方式？**

对种植早熟品种的地块，当籽粒含水率降至25%以下或东北地区白天室外气温降至-10 ℃时，可利用玉米籽粒联合收获机直接进行脱粒收获，减少晾晒再脱粒成本。

75 玉米收获机的作业质量标准是什么？

玉米机收作业质量应符合相关作业质量标准要求。

玉米机收作业质量要求

项目名称	质量指标要求	
	果穗收获	籽粒收获
损失率/%	≤3.5	≤4
籽粒含杂率/%	—	≤2.5
籽粒破碎率/%	≤0.8	≤5
果穗含杂率/%	≤1	—
苞叶剥净率/%	≥85	—
留茬高度[a]/mm	≤80	—
还田秸秆粉（切）碎长度合格率[a]/%	≥85	≥85
还田秸秆抛撒不均匀度[a]/%	≤25	≤25
回收秸秆切段长度合格率	—	—

注："—"为不考核项，a：适用于配置秸秆粉（切）碎还田机的机型

# 76　玉米收获作业行走路线如何选择？

正常情况：

（1）玉米收获作业要求对行收获，避免横向收割。

（2）转弯时停止收割，采用倒车法转弯或顺时针兜圈法直角转弯，避免边收边转弯，防止未收获的玉米被分禾器、行走轮等压倒，造成漏割损失。

倒伏玉米收获：

（1）倒伏方向与种植行平行的玉米植株宜采取与倒伏方向相反的逆向对行收获方式，并空转返回。

（2）倒伏方向不一致的玉米植株宜采取往复对行收获作业方式。

扫一扫

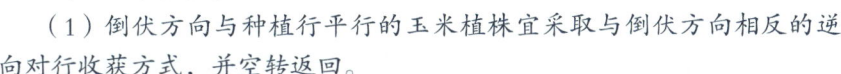

地块形状　长宽　种植方向

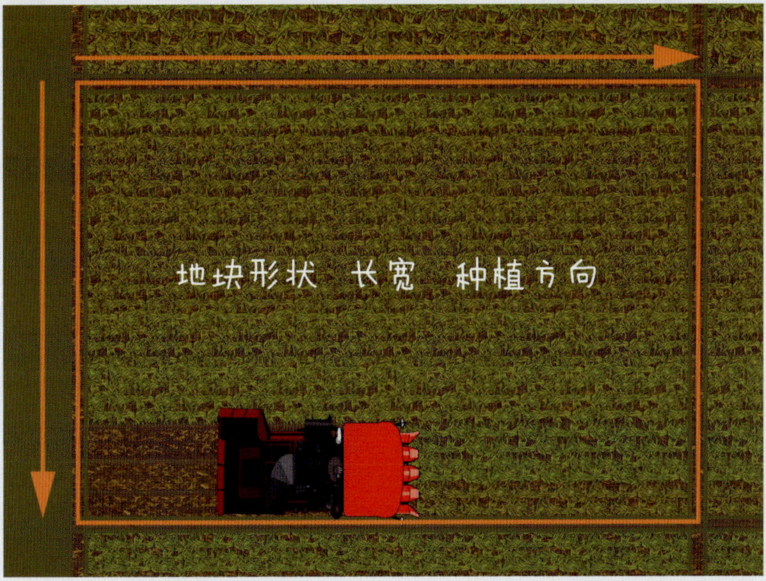

77 如何调整玉米收获机作业幅宽或收获行数？

（1）正常情况下，控制作业速度，尽量满幅收获。

（2）当负荷较大时，适当减少收获行，保证作物喂入均匀，防止喂入量过大，影响收获质量。

（3）当玉米行距宽窄不一，可不满割幅作业，避免剐蹭相邻行茎秆，导致植株倒折及果穗掉落，增加损失。

扫一扫

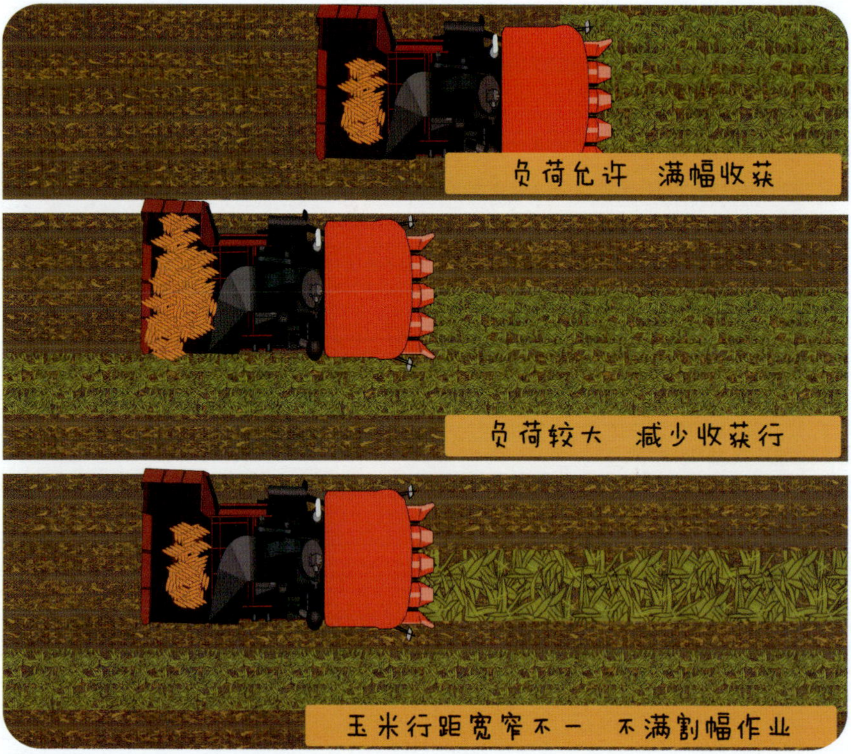

负荷允许 满幅收获

负荷较大 减少收获行

玉米行距宽窄不一 不满割幅作业

78 如何根据玉米种植行距匹配收获机割台？

（1）收获6行以下玉米时，种植行距与割行中心距偏差控制在±5厘米以内。

（2）收获6行及以上玉米时，种植行距与割行中心距偏差控制在±3厘米以内。

79 如何选择玉米留茬高度？

（1）一般留茬高度小于10厘米，也可高留茬30~40厘米，后期进行秸秆处理。

（2）采用保护性耕作技术的区域，留茬高度尽可能控制在10~25厘米，以利于根茬固土，形成"风墙"，起到防风、降低地表风速和阻挡秸秆堆积的作用。

扫一扫

80. 如何调整辊式摘穗机构工作参数？

（1）摘穗辊选择900~1200转/分钟。摘穗辊转速过低或过高时，玉米果穗容易被啃伤。

（2）摘穗辊间隙一般为玉米茎秆平均直径的0.3~0.5倍。摘穗辊的间隙过小，容易碾压引起茎秆折断，大秸秆不易通过产生堵塞；间隙过大，会啃伤果穗，并增加掉粒损失。

扫一扫

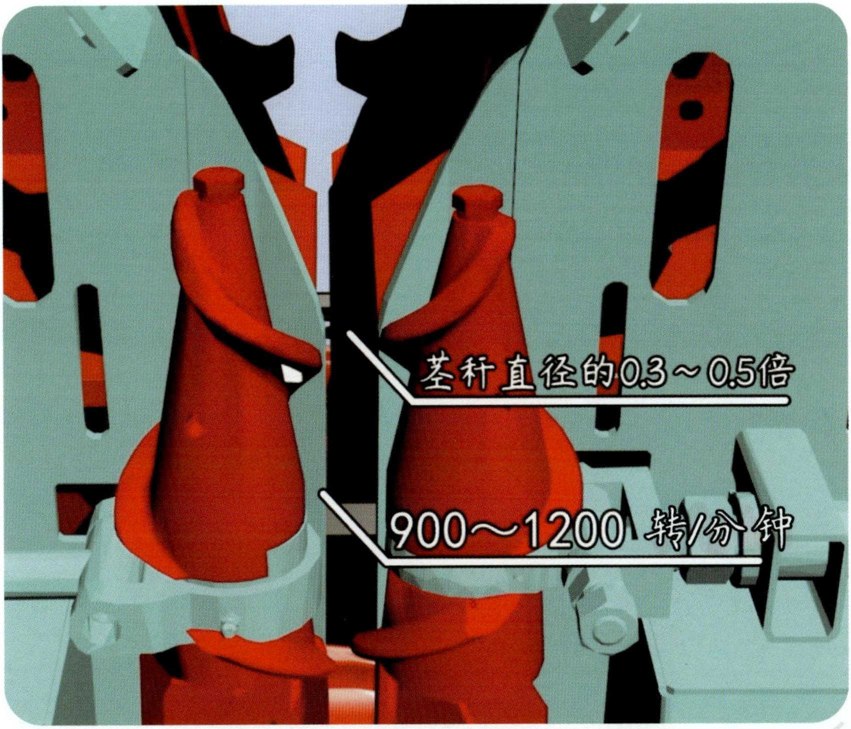

81 如何调整拉茎辊与摘穗板组合式摘穗机构工作参数？

（1）拉茎辊工作间隙调整至 10~17 毫米。间隙过大，拉茎不充分、易堵塞，果穗损失增大；间隙过小，咬断茎秆情况严重。当茎秆粗、植株密度大、作物含水率高时，可以适当增大间隙。

（2）摘穗板前端间隙为光果穗平均直径的 2/3，摘穗板后端间隙比前端大 5 毫米。

（3）保持发动机额定转速，拉茎辊转速保持在 600~900 转/分钟。

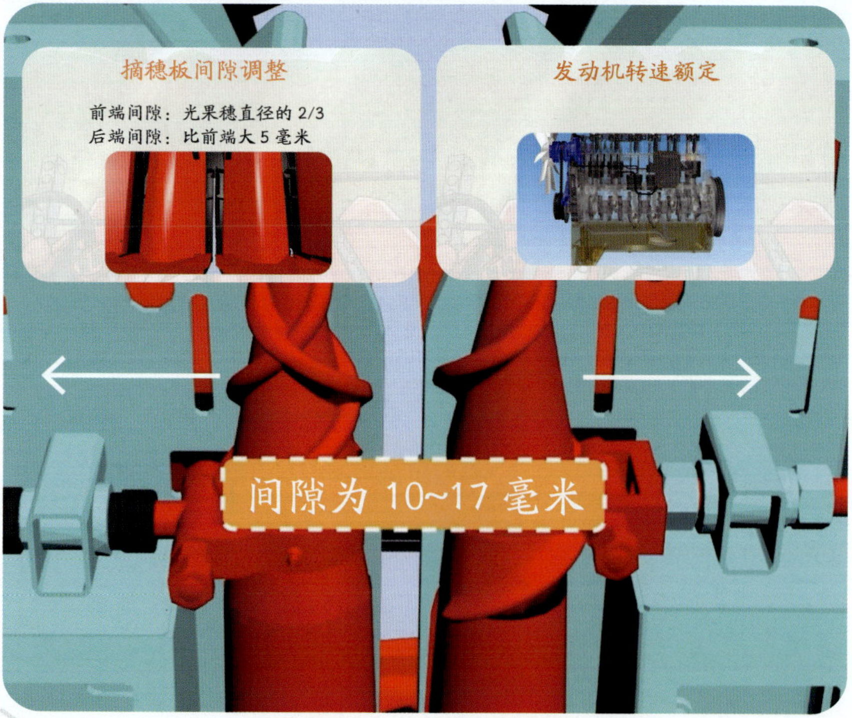

摘穗板间隙调整
前端间隙：光果穗直径的 2/3
后端间隙：比前端大 5 毫米

发动机转速额定

间隙为 10~17 毫米

玉米篇

 如何解决摘穗辊缠草或割台上缠草太多的问题?

(1) 调整摘穗辊和刮草刀间距,使间距小于3毫米。
(2) 调整摘穗辊工作间隙,或适当提高割台高度。

83. 如何处理果穗啃伤、落粒的情况？

（1）将摘穗辊转速调至合适速度，转速过低会导致果穗与摘穗辊的接触时间过长，转速过高会导致果穗与摘穗辊的碰撞较为剧烈。

（2）如果摘穗辊间隙过大，导致啃伤果穗，应根据玉米茎秆及果穗体积，调小摘穗辊间隙。

 **果穗搅龙输送器喂料口堵塞时，如何处理？**

（1）若玉米倒伏，杂草太多，则清理导槽和喂料口。
（2）若喂入量过大，可减少喂入量。
（3）若安全离合器磨损，则重新修复结合面，清除摩擦表面的污物。

 **玉米收获机割台升运器堵塞时，如何处理？**

（1）如果玉米有倒伏的情况且杂草太多，应及时清理割台升运器。
（2）如果喂入量较大，应及时减小喂入量。

86 如何调整玉米收获机剥皮装置？

（1）压送器与剥皮辊间距略小于玉米穗直径，使果穗与剥皮辊保持适当的摩擦力，提高剥净率。

（2）剥皮辊倾角一般为10°~12°，适当倾角可减少果穗损伤和落粒。

87 剥皮辊接料部位堵塞时，如何处理？

（1）若果穗进入剥皮辊分布不均匀，则更换星轮，加大疏导轴旋转直径。

（2）若压送器与剥皮辊间隙过小，则向上调节限位手柄增大压送器与剥皮辊之间的距离。

（3）若压送器与剥皮辊间隙过大，则向下调节限位手柄减小压送器与剥皮辊之间的距离。

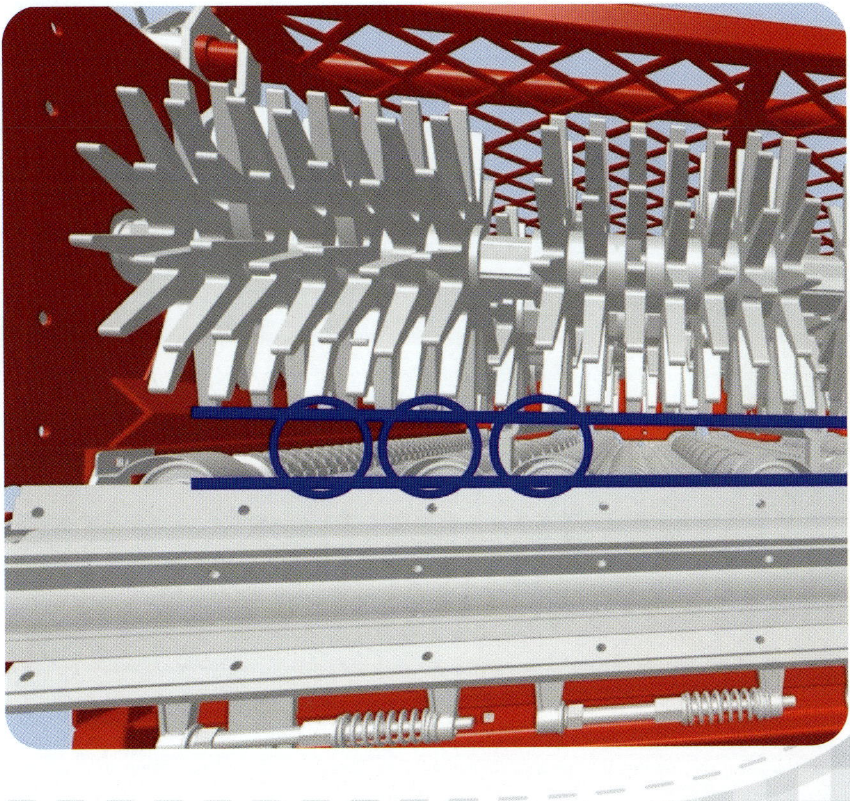

88 玉米苞叶剥净率较低时，如何调整？

（1）如有缠绕现象，应及时清理。

（2）若剥皮辊上的剥皮钉凸出的高度过低或已磨损，应及时更换。

（3）如果压送器上的胶板磨损，应及时更换。

（4）如压送器与剥皮辊间隙过大，应向下调节限位手柄，减小压送器与剥皮辊之间的距离。

89 果穗从剥皮辊下滑受阻如何解决？

（1）若剥皮辊相互压紧力没调好，应松开锁母调整弹簧压力，调整剥皮辊相互压紧力，再锁紧螺母。

（2）若护板与剥皮辊之间的间隙过大，应调整间隙为 1~2.5 毫米。

90 如何调整玉米籽粒收获机脱粒、清选等工作部件？

（1）在破碎率符合要求的前提下，可通过适当提高脱粒滚筒的转速，减小滚筒与凹板之间的间隙等措施，提高脱净率。

（2）在含杂率符合要求的前提下，可通过适当减小风扇转速、调大筛子的开度及提高尾筛位置等，减少清选损失。

扫一扫

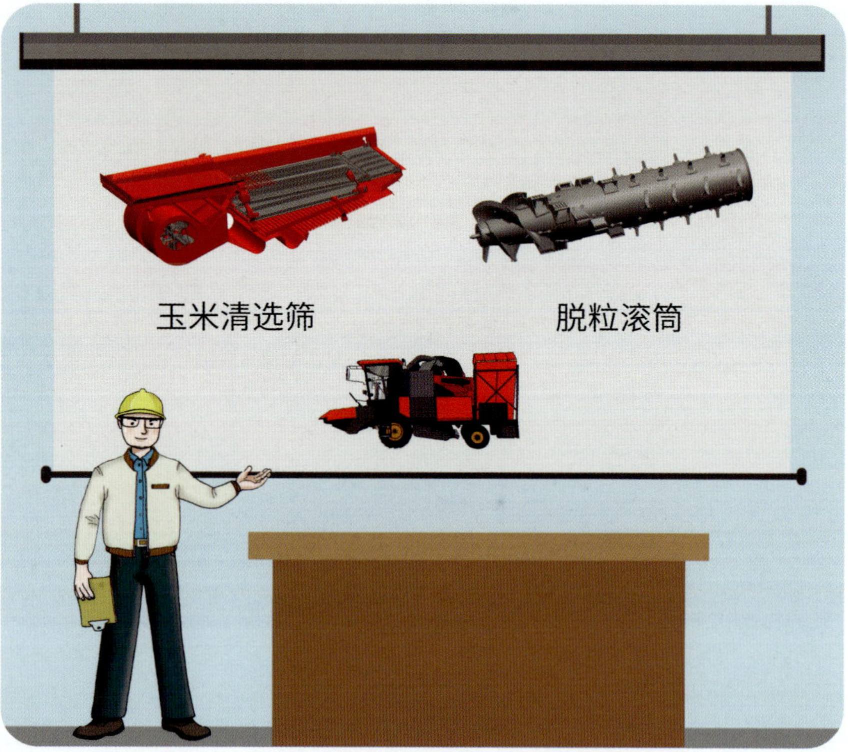

玉米清选筛　　　　脱粒滚筒

91 果穗脱粒不净怎么办？

（1）如果板齿滚筒或轴流滚筒转速太低，则提高板齿滚筒或轴流滚筒转速。

（2）如果活动凹板间隙偏大，则减小活动凹板出口间隙。

（3）如果玉米含水量过大，则待作物含水量降低后收获。

（4）如果喂入量偏大或不均匀，则调整输送链耙与底板间隙，降低机器前进速度。

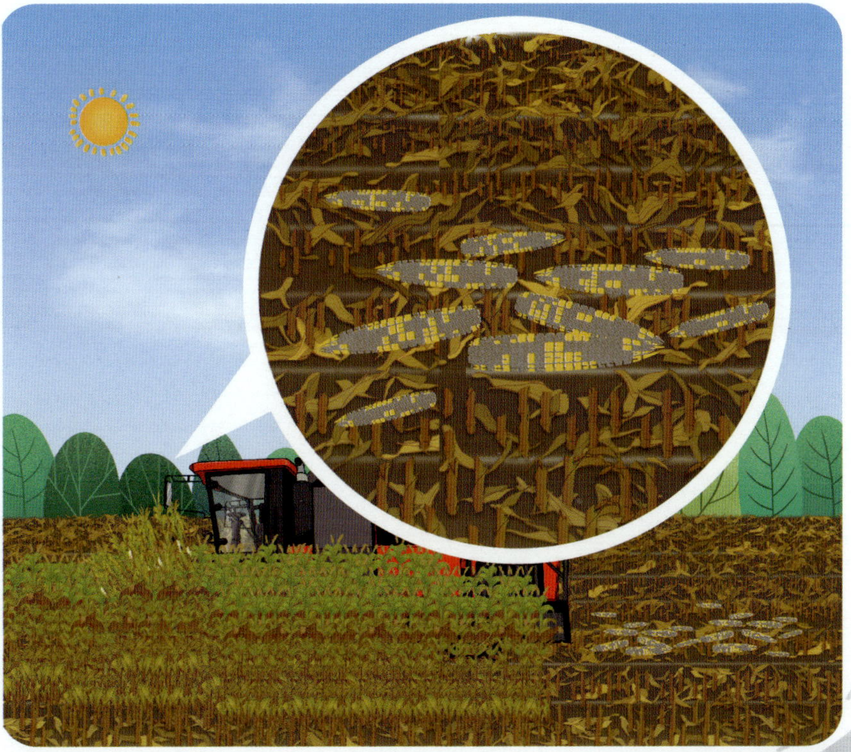

92 玉米籽粒机收时发现破碎率高应如何处理？

（1）如果板齿滚筒或轴流滚筒转速过高，应降低板齿或轴流滚筒转速。

（2）如果活动凹板或脱粒滚筒间隙偏小，应适当放大活动凹板间隙，调大脱粒滚筒间隙。

（3）如果玉米含水量过大，应待作物含水量降低后收获。

（4）如果籽粒进入杂余搅龙太多，应适当减小尾筛开度。

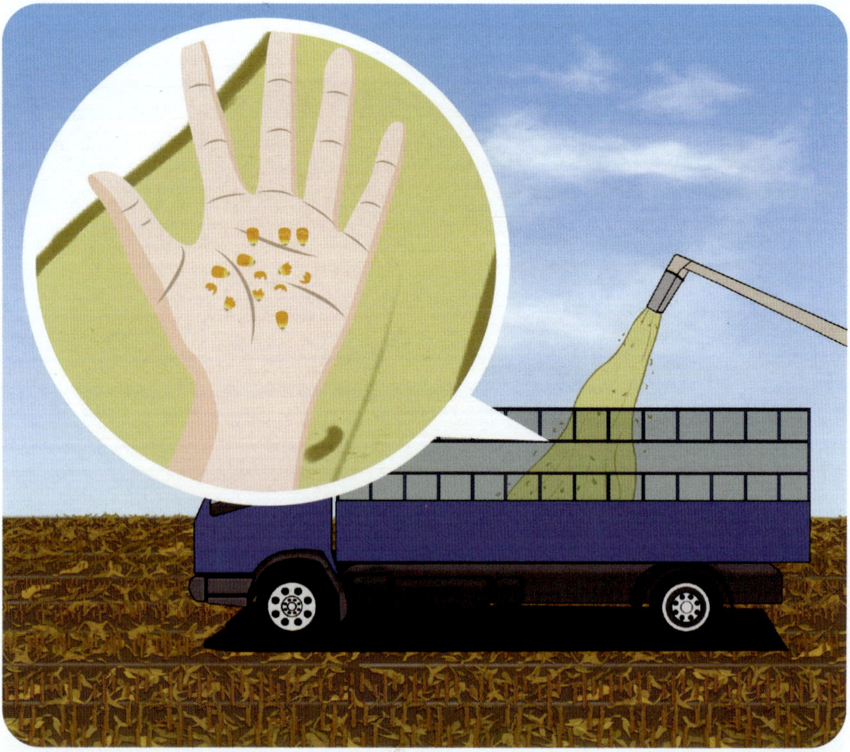

93. 玉米收获机清选筛堵塞怎么办？

（1）可适当增大风机转速。
（2）可升高割台减少喂入量。
（3）需定期清理清选筛间隙，防止杂物堆积。

94 切碎机切碎滚筒转速不够导致秸秆切碎效果差怎么办？

（1）如果发动机没达到额定转速，应加大油门使得发动机达到额定转速。

（2）如果传动三角带打滑，应张紧传动三角带。

（3）如果喂入量过大、收获速度过快，应减少喂入量、降低前进速度。

95 适宜收获倒伏玉米的机具有哪些特点?

（1）宜选用割台长度长、倾角小、分禾器尖能够贴地作业的玉米收获机。

（2）可在普通玉米收获机割台上加长分禾器尖或加装倒伏扶禾装置，增加扶禾作业行程。

（3）玉米倒伏倾角大于60°时，收获机割台加装链式辅助喂入、螺旋叶片式辅助喂入和拨指式辅助喂入等装置，提高倒伏玉米喂入的流畅性。

扫一扫

96 倒伏玉米收获作业时有哪些注意事项？

（1）收获作业时适当降低收获速度，防止倒伏后玉米籽粒湿度较高和果穗粘连泥土等原因造成的堵塞。

（2）作业时收获机分禾器前部在垄沟内贴近地面，尽量扶起倒伏玉米。

（3）及时清理割台，防止秸秆和泥土在割台堆积。

（4）断开秸秆还田装置动力，或将该装置提升至最高位置，防止漏收玉米果穗被打碎，方便人工捡拾，减少收获损失。

扫一扫

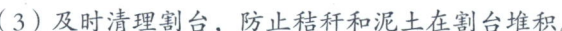
逆向收割

97 收获过湿地块玉米时需要注意什么?

(1) 宜采用履带式玉米收获机。

(2) 可将轮式玉米收获机改造为半履带式玉米收获机,增加接地面积。

(3) 履带式谷物联合收割机通过更换玉米专用割台,调整滚筒转速、凹板间隙等工作参数,实现应急收获。

 **为了降低储存环节损失,玉米籽粒和玉米果穗适用什么烘干方式?**

（1）收获的玉米籽粒，宜选用连续式干燥机或循环式干燥机进行烘干。

（2）收获的玉米果穗，先离地储存或晾晒，通风降水，待籽粒含水率降至25%以下或进入冬季果穗结冻后，再脱粒烘干。

 **玉米烘干有哪些重要注意事项?**

（1）烘干前，应进行初清，不得有长茎秆、麻袋绳、塑料薄膜等杂物，玉米含杂率≤2%；应测定玉米籽粒初始含水率，同一批烘干的玉米籽粒水分不均度应≤3%。

（2）烘干时，玉米允许受热温度要求：食用玉米≤50 ℃，淀粉发酵工业用玉米≤55 ℃，饲料用玉米≤60 ℃，种用玉米≤43 ℃。同时，应控制一次降水幅度≤18%，以降低玉米裂纹率和干燥不均匀度。

（3）烘干后，玉米色泽气味应无明显变化，无热损伤粒、焦糊粒。

（4）玉米干燥质量应符合GB/T 21017—2021《玉米干燥技术规范》的要求，烘干作业场地应配备消防安全设施。

玉米篇

 **玉米贮存注意事项有哪些?**

（1）玉米籽粒宜采用仓内散存或囤存的贮存方式，仓内环境温度≤20 ℃，空气相对湿度60%~70%，玉米籽粒平衡水分一般低于14%。

（2）在冬季应利用自然低温条件对玉米堆垛进行机械通风降温，北方地区宜将平均粮温降为 –5~0 ℃，南方地区宜将平均粮温降为15 ℃以下（视各地最低气温而定）。

（3）在气温较高的季节，可采用空调、谷物冷却机等制冷设备生产人工冷源，对玉米堆垛或仓房空间进行冷却降温，将最高粮温或仓温控制在25 ℃以下，实现低温储藏。

（4）仓内保持清洁卫生，仓门设置防鼠板、防虫带，窗户应安装防虫网，粮情检测平台处小门内侧应加装保温密闭门、门帘等。

（5）仓库应配备输送、清理、质检、消防等设施设备，并定期开展器材检查。

玉米篇

参考文献

白学峰，常江雪，滕兆丽，等，2022. 我国智能农业拖拉机关键技术研究进展[J]. 智能化农业装备学报（中英文），3（2）：10-21.

崔思远，曹蕾，陈聪，等，2024. 基于应用场景的丘陵山区农业机械化发展路径研究[J]. 智能化农业装备学报（中英文），5（2）：1-8.

罗锡文，廖娟，胡炼，等，2021. 我国智能农机的研究进展与无人农场的实践[J]. 华南农业大学学报，42（6）：8-17，5.

农业机械化管理司，2021. 农业农村部办公厅关于将机收减损作为粮食生产机械化主要工作常抓不懈的通知[EB/OL]. https://www.moa.gov.cn/govpublic/NYJXHGLS/202109/t20210906_6375681.htm，2021-09-06.

农业机械化管理司，2021. 农业农村部农业机械化管理司关于印发粮食作物机械化收获减损技术指导意见的函[EB/OL]. http://www.njhs.moa.gov.cn/tzggjzcjd/202105/t20210527_6368509.htm，2021-05-27.

农业农村部，2019. 联合收割机跨区作业管理办法（2019年修订）[EB/OL]. https://www.moa.gov.cn/gk/nyncbgzk/gzk/202112/t20211207_6384132.htm，2019-04-25.

农业农村部办公厅，2021. 农业农村部办公厅关于将机收减损作为粮食生产机械化主要工作常抓不懈的通知[EB/OL]. https://www.gov.cn/zhengce/zhengceku/2021-09/07/content_5635835.htm，2021-09-07.

农业农村部农业机械化总站，2022. 水稻机械化收获减损技术指导意见[EB/OL]. http://www.njhs.moa.gov.cn/qcjxhtjxd/202206/t20220601_6401272.htm，2022-06-01.

农业农村部农业机械化总站，2022. 小麦机械化收获减损技术指导意见[EB/OL]. http://www.njhs.moa.gov.cn/qcjxhtjxd/202206/t20220601_6401271.htm，2022-06-01.

参考文献

农业农村部农业机械化总站，2023. 玉米机械化收获减损技术指导意见［EB/OL］. http://www.njhs.moa.gov.cn/qcjxhtjxd/202309/t20230922_6437011.htm，2023–09–22.

全国粮油标准化技术委员会，2024. 粮食储藏　玉米安全储藏技术规范：GB/T 44340—2024［S］. 北京：国家粮食和物资储备局：8.

全国人民代表大会，2021. 中华人民共和国道路交通安全法［M］. 北京：法律出版社.

全国人民代表大会，2024. 中华人民共和国农业机械化促进法［M］. 北京：中国法治出版社.

王瑞荣，2024. 全喂入多功能履带收割机的脱粒清选装置故障及技术处理方法［J］. 南方农机，55（18）：59–61.

新华社，2021. 中共中央办公厅　国务院办公厅印发《粮食节约行动方案》［EB/OL］. https://www.gov.cn/zhengce/2021-11/01/content_5648085.htm，2021–11–01.

赵春江，李瑾，冯献，等，2023. 关于我国智能农机装备发展的几点思考［J］. 农业经济问题（10）：4–12.

赵野，张林娜，洪彬，2024. 关于推动农机报废更新的思考与建议——湖南省农机报废更新政策实施情况调研［J］. 农机质量与监督（7）：5–7，19.

中共中央办公厅　国务院办公厅，2021. 中共中央办公厅 国务院办公厅印发粮食节约行动方案［EB/OL］. https://www.gov.cn/zhengce/202411/content_6989265.htm，2021–11–01.

中华人民共和国国务院，2019. 农业机械安全监督管理条例（2019年修订）［EB/OL］. https://www.gov.cn/gongbao/content/2019/content_5468944.htm，2019–03–02.

中华人民共和国农业部令，2018. 拖拉机和联合收割机驾驶证管理规定［EB/OL］. https://www.gov.cn/gongbao/content/2018/content_5283346.htm，2018–01–15.